Manoush Tohidi Rad
Mahya Fatahi
Shahin Asadi

Os Pecados dos Genes

Manoush Tohidi Rad
Mahya Fatahi
Shahin Asadi

Os Pecados dos Genes

O estudo da expressão do miRNA-133 e do miRNA-431b no cancro da mama

ScienciaScripts

Cover image: www.ingimage.com

This book is a translation from the original published under ISBN 978-613-4-91205-1.

Publisher:
Sciencia Scripts
is a trademark of
Dodo Books Indian Ocean Ltd. and OmniScriptum S.R.L publishing group

120 High Road, East Finchley, London, N2 9ED, United Kingdom
Str. Armeneasca 28/1, office 1, Chisinau MD-2012, Republic of Moldova, Europe
Printed at: see last page
ISBN: 978-620-8-09756-1

Tabela de contactos

Capítulo 1

Cancro da mama

O cancro da mama é o cancro mais frequente nas mulheres e é responsável por 25% de todos os cancros nas mulheres. A telomerase é um alvo terapêutico anticancerígeno adequado porque está presente em mais de 90% dos cancros humanos, incluindo mais de 95% dos cancros da mama, enquanto na maioria das células somáticas não é detetável. A proteína hTERT é um componente do complexo telomerase limitador da taxa, pelo que a expressão do gene hTERT no interior das células é essencial para a ativação da telomerase. Os miRNAs são um conjunto de pequenos RNAs não codificantes com um comprimento de 25-19 nucleótidos que desempenham um papel fundamental como reguladores da expressão genética. A Helenalina é uma lactona sesquiterpénica derivada da planta Arnica Montana e inibe a enzima telomerase de uma forma dependente da concentração e do tempo. A redução da expressão de miR-133 e miR-431b tem sido observada em vários tipos de cancros humanos, e é provável que estes miRNAs actuem como supressores de genes tumorais. Neste estudo, foram investigados os efeitos da Helenalina na expressão de miR-133 e miR-431b e a relação entre a expressão destes miRNAs e o nível de expressão do gene hTERT nas linhas celulares de cancro da mama T47D. Câncer de mama T47D As classes de câncer de mama foram tratadas em meio de cultura RPMI / 1640 com concentrações de 13 e 20 µM de Half-naline em 48-48 e 72 horas, respetivamente. A expressão de ambos os miRNA e a expressão do gene hTERT foram medidas usando PCR em tempo real. A análise dos resultados mostrou que a expressão do gene hTERT diminuiu 65-30% e a expressão de ambos os miRNA aumentou. O efeito mais elevado da Helenalina na expressão destes miRNAs foi de 48-70% após 48 horas. Possivelmente, o aumento da expressão de miR-138 e miR-196b pela Helenalina reduziria a expressão do gene hTERT.

Palavras chave: Cancro da mama, miRNAs, miRNA133,miRNA431B, genes hTERT,Tempo Real e Qmsp-pcr.

O cancro da mama é o tipo de cancro mais comum nas mulheres, a seguir ao cancro do pulmão, que tem origem no tecido mamário e deriva principalmente do revestimento interno dos ductos ou lóbulos, que alimentam os ductos. O cancro com origem nos ductos é conhecido como carcinoma laríngeo, o carcinoma dos ductos e os que têm origem nos lóbulos. O cancro da mama ocorre no ser humano e noutros mamíferos. A maioria dos cancros da mama ocorre em mulheres e uma pequena percentagem é observada em homens. O tamanho, a taxa de crescimento, o grau e outras caraterísticas do cancro da mama determinam o tipo de tratamento (29).

Classificação do cancro da mama

Molecularmente, o cancro da mama divide-se em 5 subgrupos.

Luminal A (Luminal A): O subtipo mais comum de cancro da mama e 60-50% de todos os casos de cancro da mama. Estes subgrupos são identificados pela expressão de genes que são activados pelo fator de transcrição ER, e estes genes são normalmente expressos no epitélio luminal da veia ductal. Além disso, a expressão de genes baixos associados à proliferação celular é observada neste subgrupo. Molecularmente, todos os casos de carcinoma lobular tópico são do tipo II do tumor luminal A. Em termos de imunohistoquímica, este tipo de cancro da mama é caracterizado pela expressão de ER, PGR, Bcl2, citoqueratina ck8/18, não expressão de her2 e baixas taxas de proliferação. Os doentes com este subgrupo têm um bom diagnóstico e a taxa de recidiva é de 27,8% e inferior à dos outros subgrupos. O local mais comum de metástases é o osso (18,7%) e noutros tecidos é inferior a 10% e o tempo de sobrevivência após recidiva é de 2 anos.

Luminal B: Inclui 20-10% de todos os casos de cancro da mama. Em comparação com o luminal A, este subgrupo tem um fenótipo mais grave, um grau histológico mais elevado, um índice de reprodução e um diagnóstico difícil. O padrão metastático da doença também é diferente, e embora o osso seja o local de metástase mais comum (30%), também tem metástases em outros locais. Por exemplo, a metástase no fígado é de 13,8%. Os tumores luminal A e luminal B expressam ambos os ERs, mas a principal diferença é que os tumores luminal B têm uma alta expressão de genes proliferativos, como MKI67 e cyclinB1, e também expressam frequentemente EGFR e her2. A expressão da proteína Ki67 tem sido utilizada como um marcador para comparar estes dois subgrupos. Os tumores luminal A são definidos como her2 / ER + e Ki67 e os tumores luminal B são expressos como ER + / her2 e a expressão de Ki67 ou ER + / her2 + é elevada. Mais de 6% dos tumores luminal B são clinicamente ER- / her2-. Os tumores luminal B têm um diagnóstico pior, mas são mais responsivos aos tumores lombares A do que a quimioterapia neoadjuvante.

Tumores Her2 derivados do recetor Her2 (HER2 positivo): 15-20% de todos os casos de cancro da mama estão relacionados com este subgrupo molecular. Este subgrupo é identificado pela expressão do gene her2 e de outros genes associados à sua via her2 e pelo amplicon her2 localizado em 17q12. Nestes cancros, observa-se a expressão dos genes envolvidos na proliferação celular. Morfologicamente, as células tumorais são altamente proliferativas e 75% delas têm um elevado grau de tecido e mais de 40% delas têm mutações no P53. Clinicamente, o subtipo her2 é mal diagnosticado, mas o tratamento anti her2 tem progredido não só na doença metastática, mas também nas fases iniciais da doença. Os subtipos her2 e basal respondem melhor à quimioterapia do que os tumores luminal A e luminal B, respetivamente, com 43% e 36%, e 7% e 17%, respetivamente.

Tumores do tipo basal: 10-20% de todos os casos de cancro da mama. Clinicamente reconhecidos numa idade precoce, especialmente em mulheres de origem africana. O tamanho do tumor é elevado na altura do diagnóstico e a histologia apresenta um elevado grau de invasão dos gânglios linfáticos.

Uma das caraterísticas mais proeminentes destes tumores é a ausência de expressão dos três principais receptores do cancro da mama, ER, her2 e PGR. Por conseguinte, o diagnóstico clínico é geralmente confundido com tumores triplo-negativos (TN). Ao contrário dos anteriores, a quimioterapia tem um diagnóstico pobre e uma elevada taxa de recidiva nos primeiros 3 anos. Estes tumores apresentam níveis elevados de mutações no gene P53. Para além disso, os tumores com mutações germinativas em BRCA1 também estão incluídos neste subgrupo. As alterações, quer por mutação quer por epigenética, que reduzem o desempenho do BRCA1, preparam o terreno para a disseminação dos tumores basais, como a redução do RE e o diagnóstico difícil.

Tumores normais da mama: Estes tumores representam 10-5% de todos os carcinomas da mama. Normalmente não respondem à quimioterapia neoadjuvante. A ausência de expressão de ER, her2 e PGR é classificada como tumores TN e também negativa para CK5 e EGFR. O diagnóstico clínico é mau e foram efectuados poucos estudos sobre estes tumores (39).

Sintomas do cancro da mama

O primeiro sintoma significativo no cancro da mama é a massa que se sente numa parte do tecido mamário. Mais de 80% dos casos de cancro da mama são detectados quando as mulheres sentem uma massa na mama. As massas que são sentidas nos gânglios linfáticos das axilas também podem ser um sinal de cancro da mama. Outros sintomas de cancro da mama incluem os seguintes:

- espessamento do tecido mamário, grande ou retração de um dos seios
- Rugas ou rugas da pele do peito, vermelhidão ou mamilo
- Mudança de posição, inversão ou sangramento do mamilo
- Dor súbita na parte do tecido mamário (26)

Factores envolvidos no cancro da mama

Idade-raça e género

A idade é o fator de risco mais forte para o cancro nas mulheres. Até à idade da menopausa, a incidência do cancro da mama aumenta com a idade, mas aumenta após a menopausa, sendo o risco de desenvolver cancro da mama duplicado a cada década de vida até aos 80 anos de idade. Por outro lado, a incidência de cancro da mama em mulheres com 25 anos ou menos é inferior a 10 por 100.000 mulheres, aumentando 10 vezes a partir dos 40 anos de idade. As mulheres brancas têm a maior incidência de cancro da mama, seguidas das mulheres negras e espanholas com níveis moderados e das mulheres asiáticas com a menor prevalência. Estudos demonstraram que, nos Estados Unidos, a incidência de cancro da mama em grupos etários jovens nas mulheres afro-americanas é 20 a 40% superior à das mulheres brancas, mas a relação inverte-se numa idade avançada.

A incidência do cancro da mama nos homens é muito inferior à das mulheres, sendo de cerca de 1 em 150 casos.

Hormonas sexuais

Outro fator de risco para o cancro da mama é a exposição a hormonas sexuais. Estas hormonas incluem as hormonas ligadas ao ciclo menstrual, bem como as hormonas externas derivadas das pílulas anticoncepcionais e da dieta.

Por duas razões, o estrogénio é o fator de risco mais importante para o cancro da mama:

1- Devido à atividade hormonal dependente do recetor associada à estimulação da proliferação celular.

2- Devido à possível atividade genética dos metabolitos dos estrogénios, especialmente dos ésteres hidroxílicos.

Obesidade

Estudos têm demonstrado que o aumento de peso durante a puberdade tem uma forte associação com o aumento do risco de cancro da mama. Por cada 5 kg de aumento de peso, considerando o peso mais baixo da puberdade, o risco aumenta em 8%, enquanto que a perda de peso, especialmente nas jovens (juvenis), está associada a um risco reduzido (9).)

Genética e história familiar

O risco de cancro da mama em mulheres com familiares de primeiro grau com a doença é 2 vezes superior ao das mulheres normais sem história familiar. Além disso, se o diagnóstico de uma doença em familiares numa idade jovem (menos de 40 anos) aumenta o risco de ter um risco relativo de 6 vezes e se mais do que uma família tem um risco relativo de 3-4 vezes (Diagrama 1-1) (27).

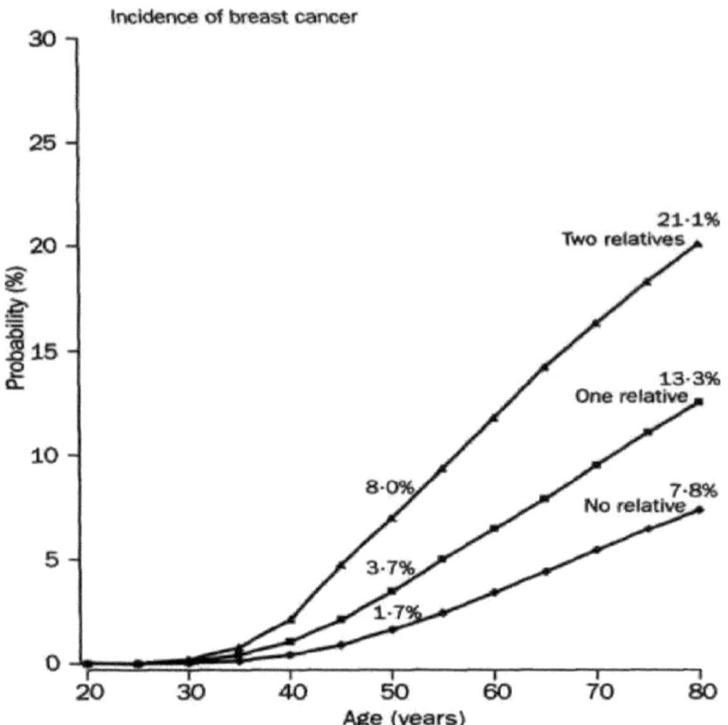

Gráfico (1-1): Prevalência do cancro da mama com o aumento da idade em familiares não naturais de primeiro e segundo grau.

Tabagismo e álcool

A associação entre o consumo de álcool e a incidência de cancro da mama foi proposta pela primeira vez no início dos anos 80 através de estudos de caso-controlo. Os estudos demonstraram que o consumo de álcool (mais de uma dose por dia) aumenta o risco de cancro da mama em mais de 4%. Já o consumo excessivo de álcool (3 ou mais doses por dia) aumenta o risco de cancro da mama até 50-40%. Mais de 5% dos cancros da mama no Norte e Norte da Europa e mais de 10% em Itália e França podem ser atribuídos ao consumo de álcool. Os mecanismos que estimulam a carcinogénese do cancro pela sua origem são ainda desconhecidos. Uma vez que os efeitos dos estrogénios cancerígenos no tecido mamário e o consumo de álcool também aumentam as concentrações séricas de estrogénio, é provável que pelo menos parte do efeito cancerígeno do estrogénio seja do etanol. Por outro lado, alguns estudos centraram-se no acetaldeído, que é o primeiro e mais tóxico metabolito da oxidação do etanol, que por si só provoca cancro (7).

Por outro lado, estudos demonstraram que fumar pode aumentar a incidência de cancro da mama, sendo este efeito maior nas pessoas que começam a fumar desde tenra idade. Fumar durante muito tempo aumenta o risco de cancro da mama até 50-35% (11).

Ter seios volumosos e terapia hormonal

Ter seios de grande volume é um fator de risco forte e prevalente para o cancro da mama. Estudos demonstraram que os tumores crescem mais rapidamente e são maiores em mamas grandes e volumosas. A terapia hormonal, especialmente a combinação de duas hormonas estrogénio e progesterona após a menopausa, aumenta o volume do peito e aumenta o risco de cancro da mama. Foi demonstrado que as pessoas com seios volumosos após a menopausa submetidas a terapia hormonal combinada têm um risco mais elevado de desenvolver cancro da mama do que as pessoas com as mesmas condições mas sem terapia de substituição hormonal. Além disso, os seios pouco volumosos em mulheres após a menopausa ou antes da menopausa são, para todas as idades, independentemente da terapia hormonal, com um menor risco de cancro da mama. Os mecanismos que aumentam o volume da parte superior do tórax e o efeito da terapia hormonal aumentam o risco são desconhecidos. Provavelmente, a utilização de medicamentos combinados em mulheres pós-menopáusicas diminui o processo natural de germinação da próstata mamária, que ocorre quando a idade varia, levando a um elevado volume da mama e a um aumento do risco de cancro. Por outro lado, as hormonas estrogénio e progesterona podem estimular a proliferação de células epiteliais e de base no tecido mamário, e assim aumentar o volume da mama e induzir a tumorização e aumentar o risco de cancro. Estudos demonstraram que o risco de cancro da mama é baixo em mulheres com mamas baixas, independentemente da idade, do estado menstrual e da terapia hormonal. A relação entre o volume do peito e o cancro da mama não se altera com a menstruação e a terapia hormonal. Foi demonstrado que o risco de cancro da mama e de doença avançada em mulheres pós-menopáusicas que recebem terapia hormonal é elevado quando estas têm peitos grandes (13).

Menstruação e atividade física

O início da menstruação numa idade precoce (menos de 12 anos) aumenta o risco de cancro da mama até 20-10%. A menopausa tardia também aumenta o risco de um atraso de um ano na idade da menopausa em 3%. A indução da menopausa através de cirurgia antes dos 35 anos reduz o risco de cancro da mama para 60% nas mulheres que estão naturalmente na menopausa. A atividade física em adolescentes e jovens diminui o risco de cancro da mama em 20%. Além disso, a utilização de anti-estrogénios, a gravidez precoce e a lactação têm um efeito protetor positivo no cancro da mama.

BRCA1 e BRCA2

O gene BRCA1 está localizado no cromossoma 17q22 e tem 22 exões, codifica uma proteína de 1863 aminoácidos e ocupa cerca de 100kb de ADN genómico. Já o gene BRCA2 está localizado no cromossoma 13q12 e tem 27 exões, codifica uma proteína de 3418 aminoácidos e ocupa 70 kB de ADN genómico. As mutações nestes genes são responsáveis por 25% (menos de 25%) dos casos genéticos de cancro da mama. Estes genes são genes supressores de tumores e contribuem para a reparação de danos no ADN. O risco de cancro da mama nas mulheres portadoras da mutação BRCA1 é de cerca de 85% em toda a vida e nas portadoras da mutação BRCA2 é inferior a este valor (15).

TP53

O gene P53 está localizado no cromossoma 17q13.1 e desempenha um papel no controlo do ciclo celular, da apoptose e da reparação do ADN. O gene TP53 é uma mutação genética rara e menos de 400 famílias com uma mutação germinal do TP53 têm síndrome de Ly-Transgenic, sendo as mutações do P53 responsáveis por 70% dos casos de síndrome de transplante hepático. A probabilidade de cancro em famílias com síndrome de Li-Transplante segue um padrão autossómico dominante. Estima-se que mais de 90% dos portadores da mutação TP53 desenvolverão um tipo de cancro até aos 70 anos de idade. O cancro mais comum que ocorre nesta família é o cancro da mama com uma infiltração de 23,56% nos portadores da mutação TP53. As mutações somáticas no gene TP53 são observadas em 60 a 20% dos cancros da mama humanos (9, 27).

PTEN

A síndrome de Cowden (SC) é uma anomalia autossómica predominante devida a mutações funcionais no gene PTEN, um gene do tumor da compressão. Nas mulheres com a mutação PTEN, o risco de cancro da mama é de 25-50% ao longo da vida. No entanto, não foram observadas mutações no gene PTEN em famílias com cancro da mama sem caraterísticas de SC. Apesar disso, embora a deficiência de heterozigotia no locus PTEN tenha sido encontrada em 41-11% dos cancros da mama esporádicos, não foram observadas mutações somáticas no alelo remanescente. As mulheres com SC têm mutações no gene supressor de tumor PTEN. Cerca de 50% das mulheres com esta doença terão cancro da mama até aos 50 anos de idade (9 e 27).

ATM

A ataxia telangiectasia é uma doença autossómica recessiva causada por uma mutação no gene ATM. As mulheres que são portadoras desta doença têm um risco mais elevado de desenvolver cancro da mama do que as mulheres saudáveis. O número de heterozigotos no gene da ataxia telangiectásica é superior (cerca de 1% da população) e o risco de cancro da mama é 4 vezes superior (9 e 27).

Epidemiologia

Estudos demonstraram que a incidência do cancro da mama é geralmente mais elevada nas mulheres do que nos homens. Embora a incidência mais baixa de cancro da mama no mundo seja no Irão, com 25 casos por 100 000 pessoas, as mulheres iranianas com cancro da mama são a principal causa de doença e mortalidade. Atualmente, a incidência do cancro da mama no Irão é baixa, com cerca de 5 000 novos casos por ano, mas as previsões mostram que o número de novos casos de cancro da mama em 2030 atingirá mais de 15 000 por ano (1). De acordo com novos dados, a incidência global de cancro no Irão foi de 47 nos homens por 100 000 pessoas e de 98 nas mulheres por 100 000 em 2006. A prevalência do cancro da mama é mais baixa no Irão do que nos países ocidentais (23,65 por 100 000 mulheres brancas e 140,8 por 100 000 mulheres brancas nos Estados Unidos). Por outro lado, a prevalência mais elevada de cancro da mama no mundo encontra-se na América do Norte e na Europa Ocidental, sendo moderada nos países mediterrânicos e sul-americanos, e a mais baixa no Sudeste Asiático e no Centro-Sul da Ásia (8).

Telomérico

Os telómeros protegem as extremidades dos cromossomas. Os telómeros são constituídos por uma série de repetições de nucleótidos guaninericos, que actuam como regiões de ligação para uma única fonte de proteínas. Nas vértebras, os telómeros são constituídos por uma série de repetições da sequência TTAGGG, incluindo uma cadeia de repetições de vários quilobytes e uma dobra de cadeia simples na extremidade de uma cadeia simples "3" que contém várias centenas de nucleótidos. As saliências na extremidade da cadeia simples podem formar-se no telómero de duas cadeias e formar a estrutura em "T", que provoca a terminação do cromossoma (10).

Proteínas interferentes teloméricas

Duas cadeias de telómeros estão ligadas a duas proteínas específicas de ligação denominadas TRF1 (Fator de repetição telomérica 1), e TRF2, um Fator de repetição telomérica 2.

O TRF2 é essencial para a proteção da extremidade do telómero e facilita a formação da ansa T. TRF1 regula o comprimento do telómero e facilita a replicação do ADN durante as repetições teloméricas.

TRF1 e TRF2 interagem com um fator nuclear que interage com TRF1 chamado TIN2, que forma a forma mais complexa do complexo, que inclui dois outros factores, chamados POT1 e TPP1.

A RAP1 é uma proteína que interage com a TRF2, que é uma importante proteína de ligação aos telómeros em Saccharomyces cerevisiae. Ao contrário da levedura, a RAP1 dos mamíferos não está diretamente ligada ao ADN telomérico, mas é essencial para a redução dos telómeros através da interação com a TRF2 (possivelmente através da inibição de terminações não-homogénicas). A POT1 liga-se diretamente a sequências teloméricas de cadeia simples e responde diretamente à TPP1. TPP1 e POT1 são proteínas OB-fold que estão relacionadas com a dobragem de cadeias simples. A deficiência de POT1 provoca um defeito na ogiva telomérica.

Além disso, a POT1 e a TPP1 controlam a atividade da telomerase nos telómeros. A expressão excessiva de POT1 leva a uma redução do comprimento dos telómeros, inibindo a atividade da telomerase. Em contrapartida, POT1 e TPP1 no laboratório são potenciais amplificadores da atividade da telomerase, pelo que este complexo telomérico de cadeia simples desempenha um papel importante na regulação da telomerase (Fig. 1-1) (10).

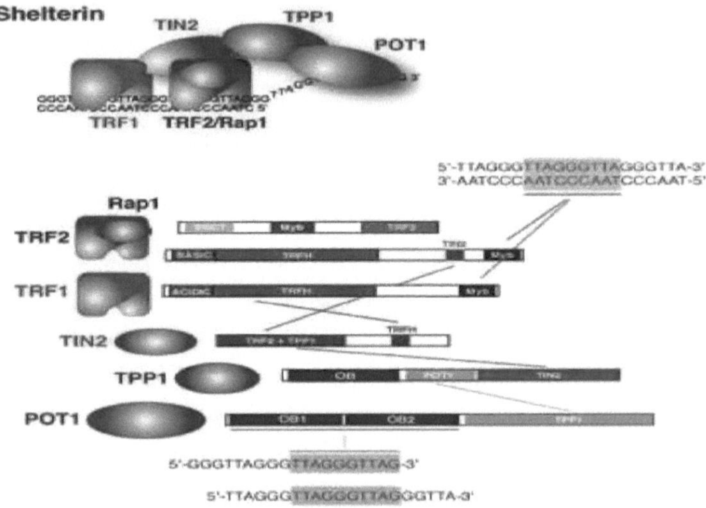

Figura (1-1): O Complexo Shellter e as suas proteínas constituintes e a sua interação com os telómeros.

A enzima telomerase é uma ribonucleoproteína que é única na sua atividade de transcriptase reversa. O núcleo catalítico da telomerase é constituído pela hTERT e pela RNA telomerase (hTR). A proteína hTERT contém uma região catalítica para a síntese de ADN e está acoplada à TR que actua como modelo. Existem várias proteínas adicionais que não são essenciais para a função da telomerase, mas desempenham um papel crucial na evolução, colocação e regulação da telomerase

(Fig. 1-2). Durante a sua reação, a telomerase produz uma longa sequência de repetições de ADN telomérico a partir de um padrão curto de ARN (32).

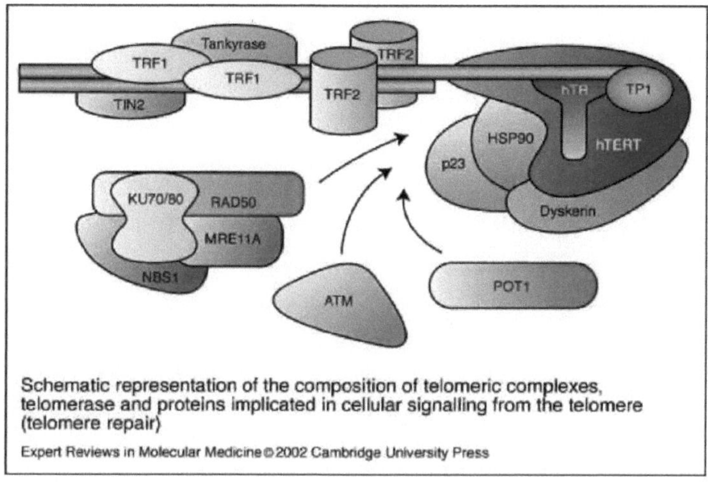

Figura (1-2): Núcleo catalítico da telomerase (hTERT e hTR) e proteínas que interagem com eles.

Ciclo catalítico da telomerase

O ciclo catalítico da telomerase consiste em duas etapas:

- Síntese de uma única repetição telomérica no final do iniciador de ADN telomérico
- RNA Pattern Recovery para a síntese de repetições adicionais

A síntese contínua de múltiplas repetições teloméricas a partir do mesmo ARN primário com um iniciador dado por uma enzima poliamónica anormal requer um mecanismo específico para regenerar o padrão de ARN após a síntese de cada repetição. A reação da telomerase começa com o emparelhamento da extremidade '3 do iniciador de ADN telomérico com o padrão de ARN da região '5 e a criação do híbrido ADN/ARN. Na telomerase humana, o sítio ativo transcreve inversamente 6 nucleótidos 5-GGTTAG-3 para a extremidade dos 3 primers de ADN a partir do molde de ARN. Ao atingir o fim do padrão, a adição do nucleótido pára e o modelo é retomado para a síntese de replicação seguinte ou para a remoção completa da enzima do produto de ADN. O processamento da adição de nucleótidos de repetição 6 requer a deslocação do ARN após qualquer síntese de 6 repetições para restaurar o padrão.

A deslocação do padrão de ARN é um processo complexo e com várias fases, que é pouco conhecido. No entanto, foi demonstrado que os primers híbridos de DNA / RNA são primeiro separados, depois movidos e reconectados, de modo que o '5 padrão de RNA 'não é mais pares com o primer de DNA e para O próximo passo é adicionar nucleotídeos. Ocorre a transformação do ARN fora da região ativa. Durante este processo de iniciação, pode ser prolongado até que a enzima telomerase se dissolva completamente com várias repetições teloméricas. Pensa-se que a adição de nucleótidos na reação da telomerase ocorre rapidamente. A adição de nucleótidos em todas as enzimas de polimerização é normal, mas a adição de sequências repetidas é especial para a telomerase e requer elementos específicos da telomerase (Fig. 1-3).

A proteína TERT contém vários motivos de ligação ao ADN que aumentam a sobrevivência e a memória do iniciador e também contém motivos adicionais para se ligar ao híbrido ADN/ARN realinhado durante o movimento do molde. A mutação nestes motivos altera o processo de adição de repetição. Por outro lado, o complexo criado pelas proteínas ligadas aos telómeros, POT1 e TPP1, adia a libertação do iniciador. Como se mostra na Fig. 1-2, a POT1 está diretamente ligada ao iniciador do ADN telomérico, enquanto a TPP1 está ligada à POT1 e à TERT simultaneamente. Assim, o complexo TPP1-POT1 mantém o primer de ADN na vizinhança da telomerase, atrasando a libertação do primer da enzima e aumentando o processo de adição de 6 repetições (32).

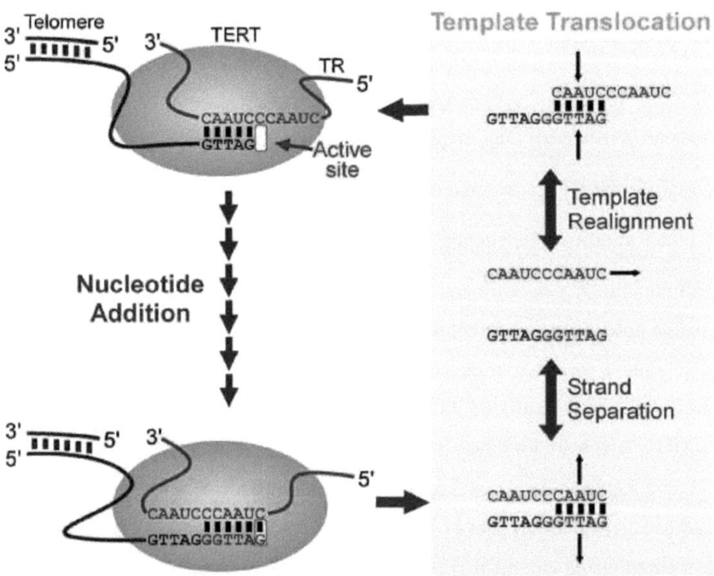

Figura (1-3): Um modelo do ciclo natural da telomerase humana, que envolve a adição de nucleótidos e o processo de transfusão do padrão de ARN.

Estes dois domínios incluem áreas do TR que são essenciais para a atividade da telomerase. De facto, estes dois elementos podem ser isolados da TR e trans formados com a proteína TERT no laboratório de combinação e a enzima telomerase ativa. A TR humana contém um segundo terço mais protegido entre todas as sequências de TR de vertebrados, chamado segundo H/ACA. Este é o segundo com pequenos RNAs de núcleo e pequenos RNAs cavernosos homólogos, que são respetivamente snoRNAs e scaRNAs, e contêm dois laços de haste que são divididos em duas partes iguais por boxH e box ACA. O segundo H / ACA liga-se às proteínas quaternárias Nop10, Nhp2, Gar1 e Dyskerin, que são essenciais para a síntese e colocação da telomerase no interior da célula. A estrutura secundária da TR abriu a nossa visão sobre a função da telomerase (Fig. 1-3).

A segunda é Template / pseudoknot

Este segundo contém várias formas estruturais que colocam o padrão de ARN numa região ativa e determinam o limite ou a fronteira do padrão. Por outro lado, este segundo humano contém um Pseudoknot ou Hélix, cuja função exacta é desconhecida, mas a eliminação e perturbação da sua estrutura reduz significativamente a atividade da telomerase. Foi encontrada uma relação estrutural entre a hélice P2A e P2B no segundo modelo / pseudo-nó, o que facilita o posicionamento do modelo neste segundo. A sequência de ARN do padrão está dividida em duas regiões: uma região '5 que codifica as repetições de ADN telomérico e outra região 5' para ligação ao iniciador de ADN após a deslocação do padrão. O padrão de ARN está ligado à extremidade '5' por um elemento de intervalo de padrão (TBE). O TBE define o fim da sequência do padrão. Na TR humana, a hélice P1B desempenha o papel de TBE. Investigações recentes sugerem que a TR humana contém uma estrutura de quinina-guanina que é constituída por sequências ricas em guanina e está localizada no final do '5'. A caixa DEX3G ou G4R1 está associada à extremidade '5' do TR e elimina a estrutura quinina da guanina, aumentando a acumulação de TR nas células.

Resumidamente, o segundo template / pseudoknot de TR é uma estrutura complexa que contém elementos para definir a fronteira do template, para se ligar à proteína TERT e para aumentar a atividade enzimática da telomerase.

Segundo CR4 / 5

O segundo necessário para a atividade da enzima telomerase é o segundo CR4 / 5, que se encontra afastado do segundo TP. Tanto na estrutura inicial como na estrutura secundária, este segundo é composto por uma hélice triangular. Os detalhes de como o segundo CR4 / 5 e o segundo TP resultam na atividade de telomerização e facilitam a cataliticidade ainda são desconhecidos.

TR Vertebras

O TR vertebral tem uma segunda H / ACA protegida no final de '3. A segunda consiste em duas estruturas em forma de anel-haste separadas pelas caixas H e ACA e actuam como regiões de ligação para as proteínas Dyskerin, Nhp2, Gar1 e Nop10.

Na secção 3'-stem-loop, o segundo H / ACA está localizado na posição do corpo de cajole para ligação à proteína TCAB1. As mutações nas secções H / ACA eliminam o processamento da extremidade 3'e reduzem a acumulação de TR, enquanto as mutações na secção da caixa CAB levam à acumulação de TR no núcleo e não nos objectos de cedro (25).

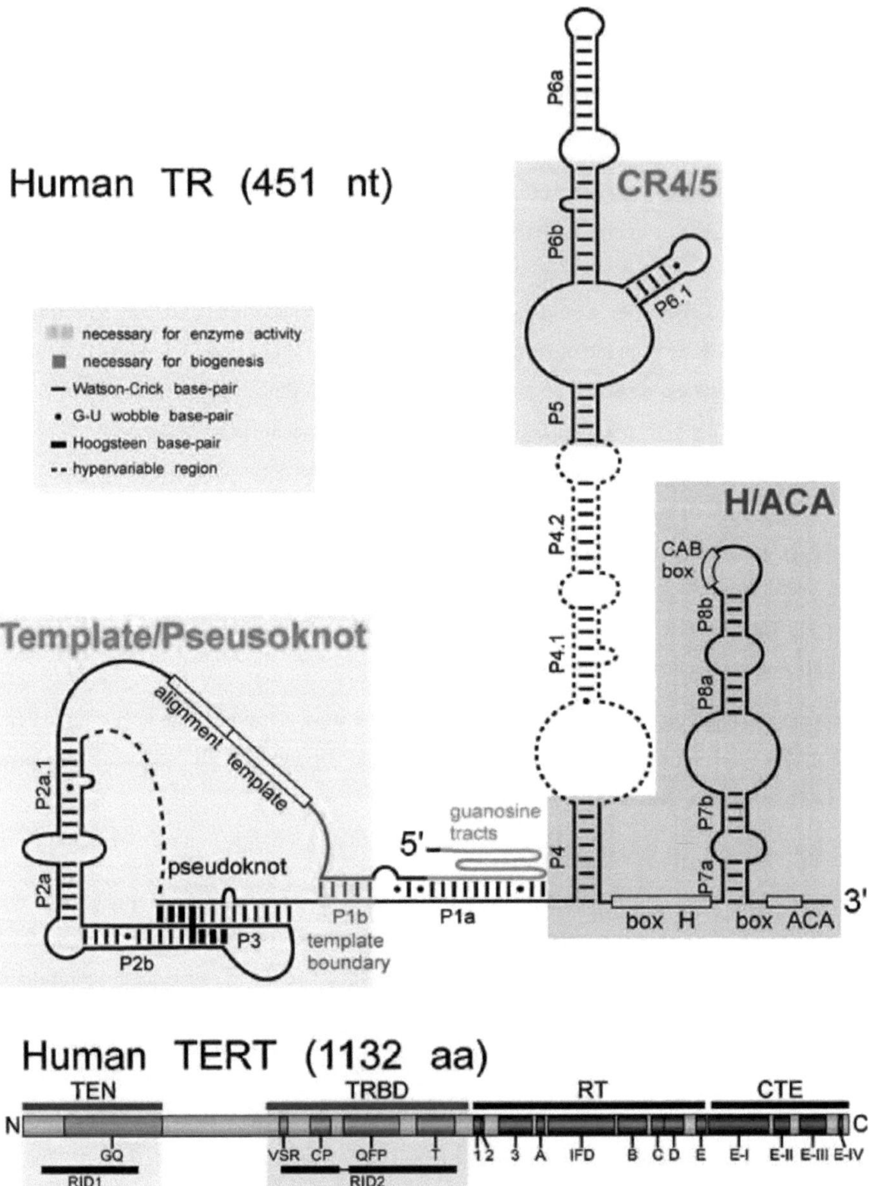

Figura (1-4): estrutura do corpo humano - segundo Template / pseudoknot e segundo CR4 / 5.

Estrutura e funcionalidade do TERT:

A proteína TERT é um componente catalítico da enzima telomerase. A TERT consiste na segunda estrutura protegida (Figura 1-4).

- O segundo RT
- A segunda extensão C-terminal (CTE)
- A segunda ligação ao ARN telomerase (TRBD)
- O segundo N-terminal essencial da telomerase (TEN)
- O segundo RT

O centro catalítico do segundo RT inclui 7 motivos de proteção juntamente com os RT convencionais: motivos 1, 2 e a-e. A terceira estrutura do TERT é semelhante à de outras poliamidas de ADN e é descrita pela estrutura da mão direita. Os segundos dedos, constituídos pelos motivos 1 e 2, estão ligados aos nucleótidos inseridos, enquanto a segunda palma é constituída pelos motivos a-e e forma uma região catalítica. O motivo e actua como um primer grip e interage com o ADN telomérico. A mutação nos "resíduos conservados" dos ácidos da segunda RT no laboratório inibe a atividade das enzimas da telomerase. Foi demonstrado que as mutações TERT inibem a manutenção do comprimento dos telómeros no corpo vivo, e a maioria destas mutações é identificada em indivíduos com anomalias relacionadas com os telómeros. Recentemente, foi identificado um motivo específico da telomerase na segunda RT. Este terceiro motivo é exclusivo da TERT e é específico de enzimas com o processo de adição de nucleótidos numa sequência repetida (25).

O segundo N-terminal essencial da telomerase (TEN)

Enquanto os domínios RT e CTE estão amplamente protegidos entre a TERT e a RT, os domínios TEN e TRB são específicos da telomerase e são exclusivos da proteína TERT.

A segunda RTE também contém o segundo interativo de ARN (RID1), uma região de ligação fracamente ligada ao segundo modelo / pseudo-nó da TR.

As interações Pri-RNA durante o RID1 e o RID2 são essenciais para a acumulação de telómeros, e a perturbação destes domínios inibe a atividade da telomerase tanto no laboratório como no corpo vivo.

Foram identificadas várias mutações únicas no gene TERT, que estão associadas a anomalias nos telómeros humanos. À semelhança das mutações TR, as mutações TERT são definidas como síndromes complexas, incluindo AR, AD, AA, IPF e DC (25).

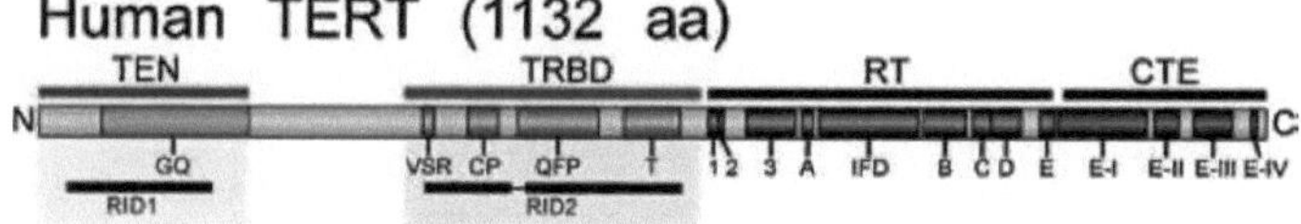

Problema da replicação dos cromossomas terminais

Em cada divisão celular, o problema da replicação da extremidade do cromossoma causa a incapacidade da célula para replicar perfeitamente os cromossomas lineares. Devido à especificidade estrutural da extremidade do cromossoma, a enzima ADN polimerase não é capaz de replicar completamente a extremidade do "cromossoma 3", o que faz com que, em cada divisão celular, exista um fragmento do telómero e, na realidade, uma parte do cromossoma.

A enzima telomerase, durante a sua reação utilizando um padrão curto de ARN, adiciona a replicação do ADN telomérico à extremidade do cromossoma e compensa a redução do comprimento dos telómeros. Nas células somáticas humanas normais, a atividade da telomerase é baixa ou indistinguível, e estas células são fatais, pelo que a redução do comprimento telomérico em cada ciclo de divisão acaba por conduzir à paragem da proliferação celular e à morte celular (14).

Telomerase e cancro

A telomerase é uma enzima que sintetiza o TTAGGG no final dos cromossomas nos seres humanos. Assim, na presença da telomerase, cada célula é capaz de compensar a redução do comprimento telomérico após cada divisão celular e, por conseguinte, cada célula pode continuar a dividir-se indefinidamente, conduzindo ao crescimento celular. Assim, a maioria das células cancerosas e imortais tem uma capacidade de proliferação ilimitada e os seus telómeros não são encurtados pelo aumento da atividade da telomerase. A atividade da enzima telomerase está presente em mais de 90% dos cancros humanos, incluindo mais de 95% dos cancros da mama. A proteína hTERT é um complexo limitador da taxa de telomerase, e a sua expressão nas células é essencial para a ativação da telomerase. Foi demonstrado que a expressão anormal da telomerase aumenta a longevidade de várias células humanas normais. Por outro lado, foi demonstrado que a subunidade catalítica anormal das enzimas da telomerase (hTERT) é suficiente para converter as células normais dos fibroblastos e as células epiteliais humanas em células cancerosas. Estas observações indicam, de um modo geral, o papel da telomerase e da proteína hTERT no talento e na capacidade reprodutiva, que é essencial para a carcinogénese e a imortalidade celular, pelo que reforça a hipótese de se visar este gene para o tratamento do cancro.

A telomerase é, por conseguinte, um alvo terapêutico anticancerígeno adequado e a sua inibição nas células cancerígenas pode reduzir o comprimento dos telómeros e a morte celular (18).

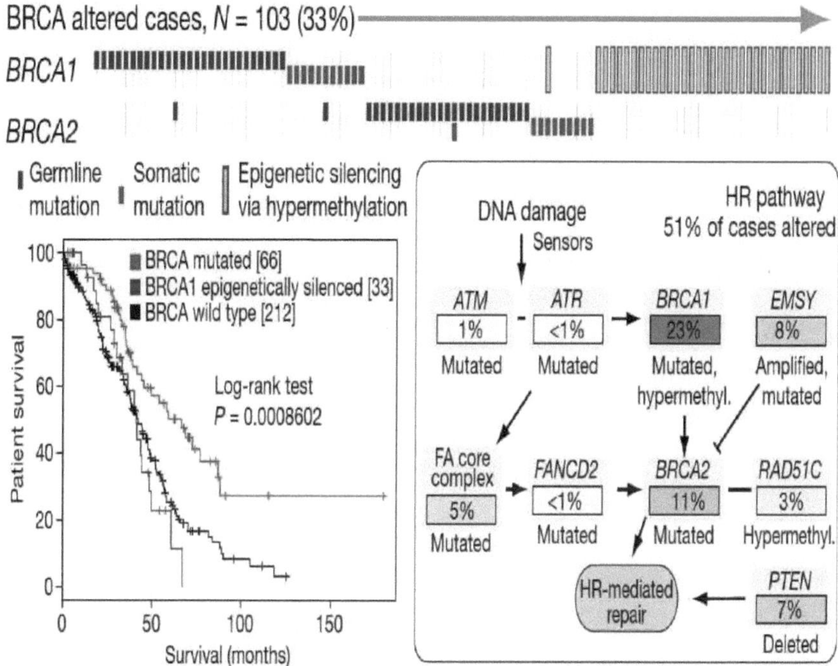

Helénico

A Helenalina é uma lactona sesquiterpénica de ocorrência natural que foi identificada em extractos alcoólicos de Arnica Montana e Arnica Camison foliosis e que demonstrou ter atividade antitumoral e anti-inflamatória (Fig. 1-5) (4). Os estudos sobre o mecanismo molecular da Helenalina demonstraram que esta inibe diretamente o fator de transfusão, visando a subunidade p65 do NF-KB, um fator que é um intermediário central da resposta imunitária humana. Estudos demonstraram que a Helenalina inibe seletivamente a telomerase em laboratório e é um potente inibidor da telomerase nas células cancerosas. Uma vez que a holalanina é uma lactona sesquiterpénica que reage com nucleófilos, especialmente com nódulos de sulfodirilo, é provável que a hlnalina reaja com as proteínas da telomerase com subunidades de cisteína e desactive a atividade enzimática. Em apoio a esta hipótese, a inibição da Helenalina pode ser apoiada pela presença de compostos contendo tiol. Além disso, a Helenalina inibe a atividade da telomerase em células hematopoiéticas, tais como Jurkat e HL60, para além de inibir a telomerase em laboratório. Embora o mecanismo de inibição da telenarina no corpo ainda não seja conhecido, a informação mostra que pelo menos uma parte do inibidor da telomerase no corpo é suscetível de inibir a expressão de hTERT através da inibição da transcrição dependente de NF-KB. Foi demonstrado que a Helenalina pode desativar diretamente a telomerase através da alquilação das subunidades de cisteína das proteínas da telomerase. Por conseguinte, aumenta a probabilidade de outros agentes alquilantes inibirem seletivamente a telomerase, pelo que a descoberta de outros agentes alquilados com efeitos citotóxicos mínimos pode constituir um novo método para o desenvolvimento de inibidores da telomerase (5).

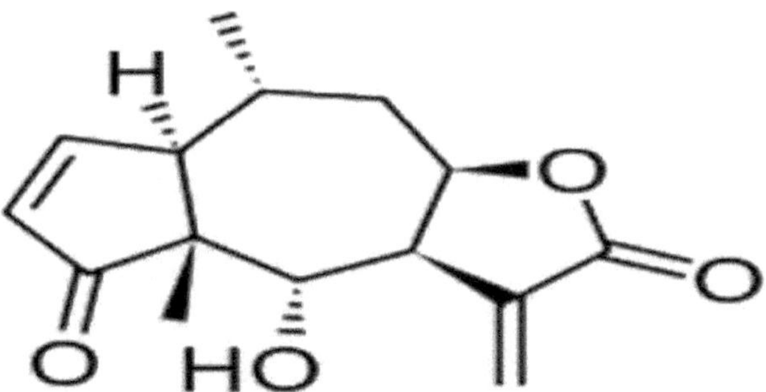

Função e papel dos microRNAs

Os miRNAs desempenham um papel importante na regulação de processos biológicos como a evolução, a proliferação, a diferenciação, a apoptose e a resposta ao stress. Por conseguinte, a sua função anormal está associada a uma série de doenças humanas, incluindo o cancro. Por outro lado, os miRNAs desempenham um papel fundamental como reguladores da expressão génica. Os genes miRNA contêm cerca de 1% do genoma total de diferentes espécies e cada um deles tem centenas de genes-alvo protegidos ou não protegidos. Estima-se que cerca de 30% dos genes são regulados por pelo menos um miRNA. A maioria dos genes de miRNA são transcritos pela RNA Polimerase II em transcritos iniciais longos que possuem estruturas pseudofaríngeas (pré-miRNAs) e apresentam caraterísticas proeminentes do mRNA eucariótico, como o capilar e o polipropileno A são. RNA Polimerase II, mRNAs e alguns RNAs não codificantes, tais como pequenos núcleos e núcleos presentes em RNAs espleenémicos.

Os miRNAs podem atuar como oncogénicos ou supressores do tumor. Foi demonstrado que estes dois grupos de miRNAs diferem em termos de função, taxa de evolução, expressão, localização nos cromossomas, tamanho molecular, factores de transcrição e localização do seu alvo. Por exemplo, os miRNA- oncogenes estão localizados predominantemente em regiões amplificadoras nos cancros humanos, enquanto os miRNA- genes supressores de tumores estão localizados principalmente em áreas de knockout. Os miRNA-oncogenes têm tendência para quebrar o ARNm do que o segundo grupo. Estes resultados indicam que estes dois tipos de miRNAs relacionados com o cancro têm papéis diferentes no desenvolvimento e desenvolvimento do cancro. Por outro lado, ambos os grupos são estáveis na sua função, mas podem sofrer algumas alterações no desempenho e provocar cancro. Ou seja, o oncogene pode tornar-se um supressor tumoral do gene, e vice-versa. Por exemplo, o miR-

24, enquanto oncogene, aumenta normalmente o crescimento do carcinoma pulmonar da célula, e a sua inibição resulta num aumento significativo do crescimento da célula cancerosa Hela, o que indica o papel do seu tumor supressor (6).

Processamento de microRNA

O processamento do miRNA envolve duas etapas (Figura 1-6).

A primeira fase estava no núcleo e interferia com a enzima RNAase3

A segunda fase no citoplasma e com a participação da enzima RNAase3 Diserase

A Drosha é uma proteína de 160 kDa que contém a segunda RNase3 mais significativa e uma segunda ligação ao ARN de duas cadeias. A estrutura atual do precursor de miRNA Pri-miRNA () é detectada pela enzima Drosha e é convertida em precursores de 70 nucleótidos. As moléculas precursoras de Ran-GTP entram no citoplasma a partir do núcleo, sendo depois convertidas no ARN de duas cadeias de cerca de 22 nucleótidos denominado miRNA / miRNA pela enzima Dieser. A Dieser é uma proteína altamente protegida em eucariotas, que foi identificada pela primeira vez com o seu envolvimento na produção de siRNA. O diecher detecta primeiro o precursor de miRNA das duas cadeias e depois corta-o. O miRNA de cadeia simples maduro é então localizado num complexo conhecido como miRNP. Geralmente, uma das cadeias é selecionada de acordo com as propriedades termodinâmicas como cadeia guia, enquanto a outra cadeia é suscetível de ser decomposta. Como parte deste complexo, o miRNA adulto é capaz de regular a expressão do gene a nível pós-transcricional e liga-se ao 3'-UTR no mRNA alvo como um complementar, levando à decomposição do mRNA ou à inibição da tradução (23)

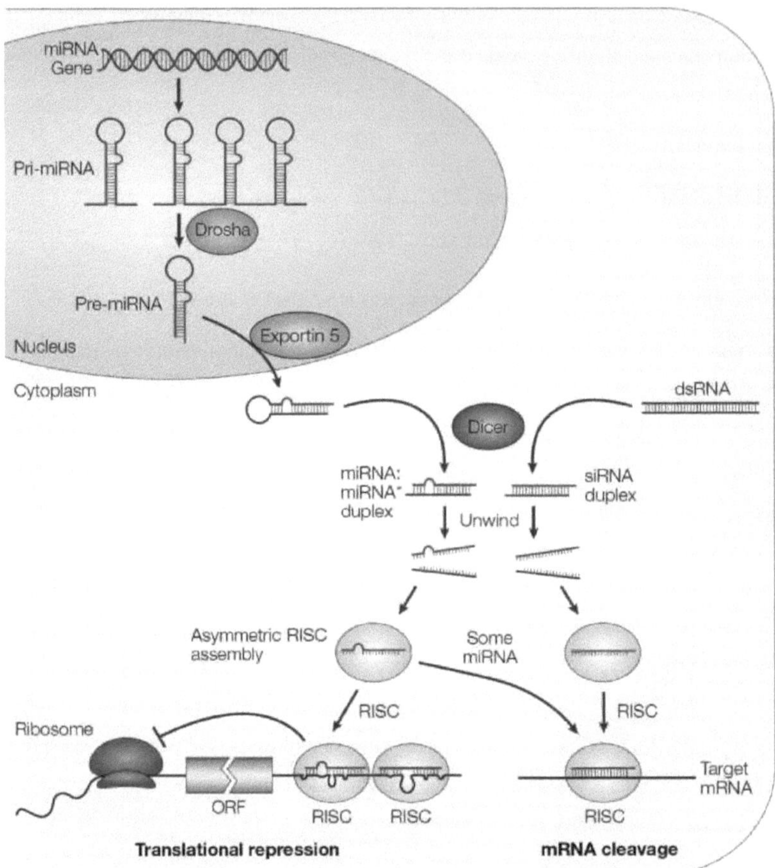

microRNA-138

Este miRNA é conhecido como um regulador pós-transplante e é provavelmente um tumor espasmódico do gene. Este miRNA é expresso apenas em determinadas linhas celulares. Recentemente, foram identificados no genoma do rato dois genes aceites para os precursores do miR-138, denominados Pre-miR-138-1 e Pre-miR-138-2. O homólogo humano está localizado nos cromossomas 3p21.33 e 16q13, respetivamente (36). Foi relatada uma expressão reduzida do miR-138 numa variedade de cancros humanos. Por exemplo, estudos demonstraram que o miR-138 reduz a expressão em células metastáticas no carcinoma de células escamosas da cabeça e do pescoço. A injeção permanente de miR-138 inibe a invasão celular e resulta em apoptose e apoptose celular nestas células e, inversamente, a diminuição da expressão de miR-138 leva a um aumento da invasão celular e à inibição da apoptose (37). Por outro lado, no carcinoma hepatocelular (CHC), o miR-138 actua como um agente terapêutico útil para o tratamento dependente de miRNA. Foi demonstrado que o miR-138 diminui a sua expressão em 77,8% dos tecidos de CHC em comparação com os tecidos adjacentes não tumorais. O aumento da expressão do miR-138 resulta na formação de colónias e na capacidade de sobrevivência da célula através da indução da paragem do ciclo celular em linhas celulares de CHC e, por outro lado, na inibição do crescimento tumoral em xenorréia de ratinho. Enquanto o uso do inibidor de miR-138 tem um efeito reversível. O gene CCND3 foi identificado como um potencial gene alvo para o miR-138. Além disso, a expressão da proteína CCND3 está negativamente relacionada com a expressão do miR-138 em tecidos de CHC. A utilização do miR-138 ou do seu inibidor pode reduzir ou aumentar os níveis da proteína CCND3 nas linhas celulares do CHC, respetivamente. Foi demonstrado que a redução da expressão do miR-138 pode regular a expressão do CCND3 e atuar como supressor tumoral do gene no CHC (35).

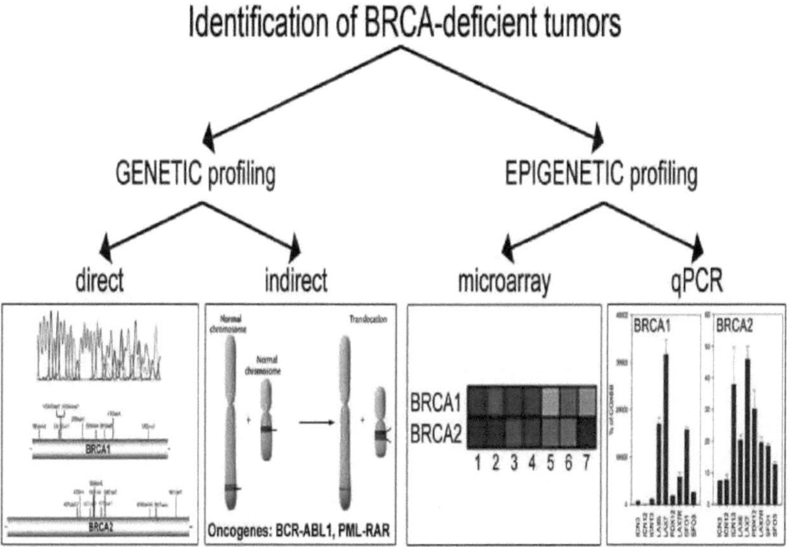

A família dos miR-196 é um regulador transcricional vital envolvido no desenvolvimento fetal, na doença e na tumorigenicidade. A configuração incorrecta do miR-196b é observada em vários tipos de cancros humanos, incluindo o cancro colorrectal, a leucemia, o glioblastoma e o cancro da mama. Na maioria dos cancros, incluindo a leucemia e o cancro gástrico, actua como supressor tumoral do gene, e em alguns cancros, como o glioblastoma, actua como oncogene (38). O glioblastoma é o tipo mais grave de glioma. Estudos demonstraram que a expressão do miR-196b aumenta no glioblastoma e está associada a amostras liofilizadas mal diagnosticadas. Por outro lado, o miR-196b está fortemente associado à progressão do ciclo celular, e a sua expressão permanente nas células do glioblastoma pode aumentar significativamente a proliferação. No glioblastoma, o miR-196b é um oncogene e constitui um potencial alvo terapêutico para o tratamento antiproliferativo (28). Por outro lado, foi demonstrado que a expressão do miR-196b aumenta a proliferação e a sobrevivência das células leucémicas. O estado de metilação está relacionado com a expressão do miR-196b em diferentes linhas celulares. A hipermetilação do promotor do miR-196b inibe fortemente a sua atividade de transcrição em linhas celulares de cancro humano. Foi também demonstrado que a expressão do miR-196b no cancro gástrico está significativamente aumentada e que a hipoglicemia das ilhas CPG é observada a partir do miR-196b nos tumores primários do estômago. Estes resultados fornecem informações importantes sobre a regulação do miR-196b e provam que a hipomotilação do ADN leva a um aumento da expressão do miR-196b no cancro gástrico (34).

Capítulo 2

Materiais e métodos

Cultura celular

Em primeiro lugar, em condições estéreis, as células T47D foram transferidas para frascos de 25-25 cm com uma gama de 8 a 5 ml de meio RPMI / 1640. Os frascos foram então incubados a 37 ° C e 5% de CO2. Os frascos foram controlados microscopicamente e macroscopicamente todos os dias. Se a cor do meio de cultura muda de laranja para amarelo para usar as células do ambiente, mudando o meio de cultura e aumentando o número de frascos através da passagem da célula se o número de células no frasco é alto. ser. Quando se observou a mudança de cor no meio, o frasco foi examinado ao microscópio invertido com uma ampliação de 10x. Quando a ligação das células é baixa e a cor do meio de cultura muda, o meio de cultura do frasco é substituído da seguinte forma

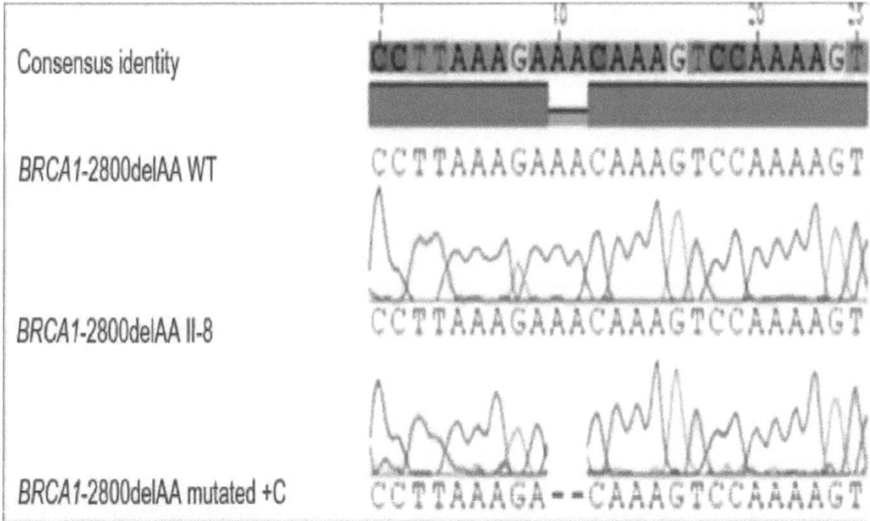

Substituir o ambiente do balão

- Os frascos e outros objectos e materiais foram esterilizados com etanol a 70% e transferidos para a capela do subsolo.

- Abriu-se a tampa do frasco e o meio de cultura foi rapidamente descarregado.

- Abriu-se a tampa do recipiente que continha o meio e a tampa do frasco e, com uma seringa esterilizada, verteu-se 5 ml do novo meio RPMI 1640 para o frasco, fechando-se novamente a tampa e o recipiente que continha o meio de cultura.

- O frasco é levado para a proximidade da incubadora, a tampa exterior da incubadora é aberta e, em seguida, a tampa do frasco é aberta para permitir a troca de ar entre as células do frasco e o ambiente da incubadora. Abre-se a porta interior da incubadora e coloca-se o frasco no interior da mesma. O frasco deve ser colocado de modo a que o fundo do frasco possa entrar em contacto com o chão da incubadora.

- Depois de mudar o meio de cultura, a campânula foi novamente esterilizada com etanol a 70%.

Se o número de células no frasco for elevado, o número de frascos é aumentado através da passagem de células.

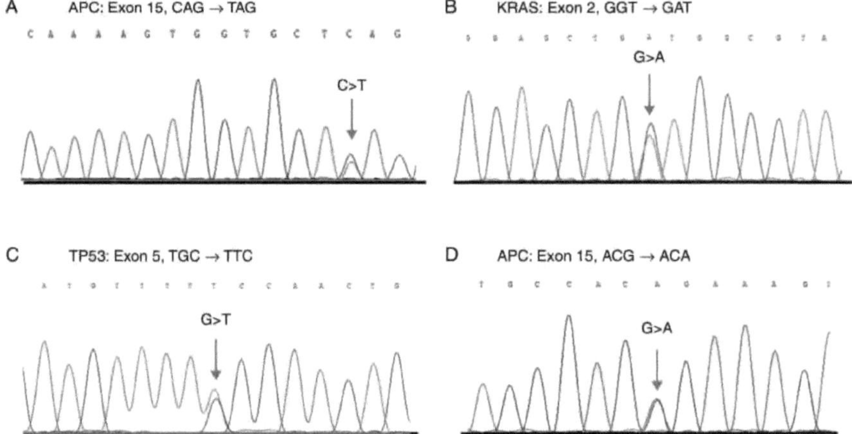

Como passar a célula

- Os frascos e outros objectos e materiais foram esterilizados com etanol a 70% e transferidos para a capela do subsolo.

- Abriu-se a tampa do frasco e o meio de cultura foi rapidamente descarregado.

- Verter 2 ml de PBS 1X estéril para o frasco com uma seringa estéril e voltar a fechar a tampa do frasco.

- O frasco foi agitado suavemente com a mão para lavar as células com PBS. Em seguida, esvaziou-se rapidamente o conteúdo do frasco.

- Verter 2 mililitros de tripsina para um frasco através de uma seringa esterilizada (Nota: A tripsina não deve ser vertida diretamente sobre as células aderentes).

- Agitar o frasco de tripsina na mão para iniciar a separação das células.

- O frasco foi colocado na incubadora durante 5 minutos para separar as células e para as suspender.

Após 5 minutos, o frasco é retirado da incubadora e examinado ao microscópio invertido. Se as células se acumularem, o frasco é agitado bruscamente com a mão para separar as células.

- Colocou-se o frasco sob a campânula e deitou-se nele a tripsina. Em seguida, adicionaram-se 10 mililitros do novo meio de cultura ao frasco.

- Abriu-se a porta do novo frasco e verteu-se metade do conteúdo do primeiro frasco para o segundo, preparando-se assim dois frascos. Estes dois frascos foram colocados na incubadora.

- Após a conclusão da passagem das células de mel, esterilizou-se com etanol a 70%.

Método de preparação do meio RPMI 1640

Em primeiro lugar, foram vertidos 10,43 g de pó de meio RPMI 1640 em garrafas de 1 litro. Em seguida, adicionaram-se 2 gramas de bicarbonato de sódio, 150 gramas de estreptomicina e 80 miligramas de penicilina G e introduziu-se água destilada até ao volume de um litro. Em seguida, o PH foi ajustado para 4/7 utilizando o medidor de PH. No final, o meio foi esterilizado com um filtro de 0,2 microns.

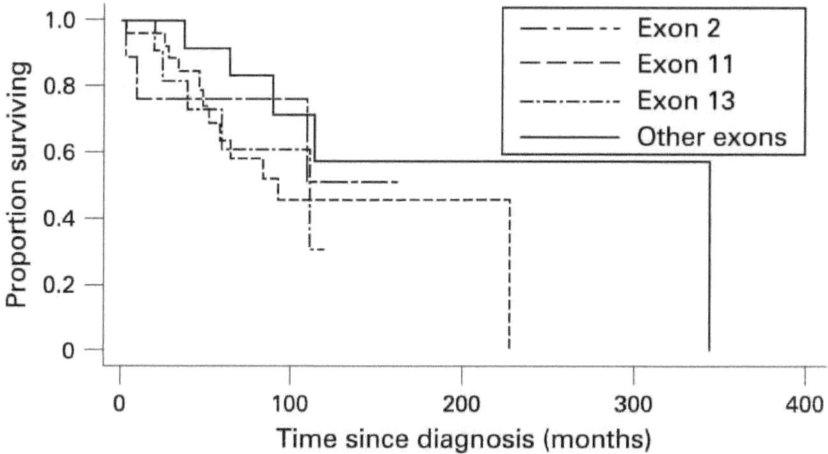

Intervalo	Rácio de risco	Erro padrão	p Valor	95% CI
Exão 11	2.15	1.11	0.1	0,78 a 5,90
Exão 2	1.48	1.11	0.6	0,34 a 6,45
Exão 13	2.52	1.52	0.1	0,77 a 8,23

Idade no momento do diagnóstico	1.027	0.034	0.6	0,95 a 1,09

Método de preparação do tampão PBS

Em primeiro lugar, dissolveram-se 8 g de cloreto de sódio, 0,2 g de cloreto de potássio, 1,44 g de fosfato dissódico e 0,24 g de fosfato monopotássico em 800 ml de água destilada. Em seguida, o pH foi ajustado para 7,4, utilizando o pH do cloreto. No passo seguinte, o volume de água destilada foi aumentado para um litro. No final, foi esterilizado em autoclave.

Tratamento celular

Em primeiro lugar, sob condições estéreis, as linhas celulares T47D, com uma gama de 8-5 mililitros de meio RPMI / 1640, foram transferidas para frascos de 25 centímetros. Em seguida, os frascos foram incubados a 37 ° C incubados com 5% de CO2. Os frascos foram examinados microscopicamente e macroscopicamente todos os dias, e quando a quantidade de ligação das células ao chão do frasco atingiu 100-90%, as células foram contadas e as concentrações de 13 e 20 μm de hlnalina em diferentes tempos de 24, 48 e 72 horas.

Preparação de uma concentração de quercetina de 120 μm

O peso molecular da Helenalina é 232,3 g / mol. Para preparar uma solução de 13 μm num volume de mililitro, foram injectados 36,26 μg de hlnalina na microponta e o seu volume foi disperso para 1 mililitro utilizando água destilada.

Preparação de uma concentração de 20 μm de Helenalina

O peso molecular da Helenalina é 232,3 g / mol. Para preparar uma solução de 20 μM em um volume de um mililitro, 24,5 μg de holalanina foram injetados na microponta e seu volume foi disperso em um mililitro usando água destilada.

BRCA Mutation Increases the Risk of Cancer

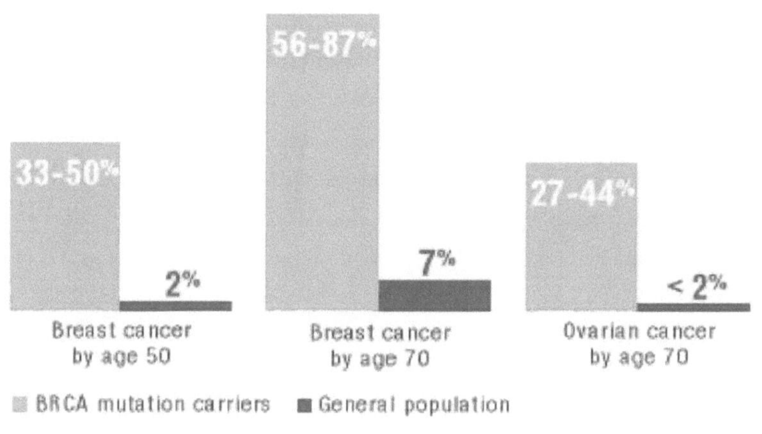

Tratamento 24 horas por dia

Três frascos, cada um contendo 800.000 células, foram colocados numa incubadora durante 24 horas. Após 24 horas, o número de células duplicou, um frasco foi selecionado como frasco de controlo e os outros dois frascos foram tratados com concentrações de Helenalina de 13 e 20 nanossegundos, respetivamente. Em seguida, foram novamente incubados durante 24 horas. Após 24 horas, procedeu-se à extração de miRNA, RNA e síntese de cDNA.

Tratamento de 48 horas

Três frascos, cada um contendo 400.000 células, foram colocados numa incubadora durante 24 horas. Após 24 horas, o número de células duplicou, um frasco foi selecionado como frasco de controlo e os outros dois frascos foram tratados com concentrações de Helenalina de 13 e 20 nanossegundos, respetivamente. Em seguida, foram novamente incubados durante 48 horas. Após 48 horas, procedeu-se à extração de miRNA, RNA e síntese de cDNA.

72 horas de tratamento

Três frascos, cada um contendo 550.000 células, foram colocados numa incubadora durante 24 horas. Após 24 horas, o número de células duplicou, um frasco foi selecionado como frasco de controlo e os outros dois frascos foram tratados com concentrações de Helenalina de 13 e 20 nanossegundos, respetivamente. De seguida, foram novamente incubados durante 72 horas. Após 72 horas, procedeu-se à extração de miRNA, RNA e síntese de cDNA.

Extração de ARN

Foi utilizado o kit Trizol (Sinaghen, Irão) para extrair o ARN do kit. Inicialmente, as células foram transferidas para um frasco de 1,5 ml previamente autoclavado, bem como livre de RNase. De seguida, adicionou-se um mililitro de therazole ao frasco e incubou-se durante 5 minutos à temperatura ambiente para isolar completamente os complexos nucleoproteicos. No final da experiência, adicionaram-se 200 µl de clorofórmio ao frasco e agitou-se vigorosamente durante 15 segundos. Em seguida, os frascos foram centrifugados a uma temperatura de -2,8 ° C com uma gama de 12000 x 12. Após a conclusão da centrifugação de 4 camadas, verificou-se que a camada superior (fase azul) foi vertida para o novo frasco. O ARN está localizado na fase azul. Adicionou-se um novo frasco de 0,5% de álcool isopropílico frio ao frasco e incubou-se durante 10 minutos à temperatura ambiente. Em seguida, centrifugado a xg12000 durante 10 minutos a uma temperatura de 2,4-2 ° C, a fase azul foi descartada e o ARN foi então depositado no fundo do frasco como sedimento.

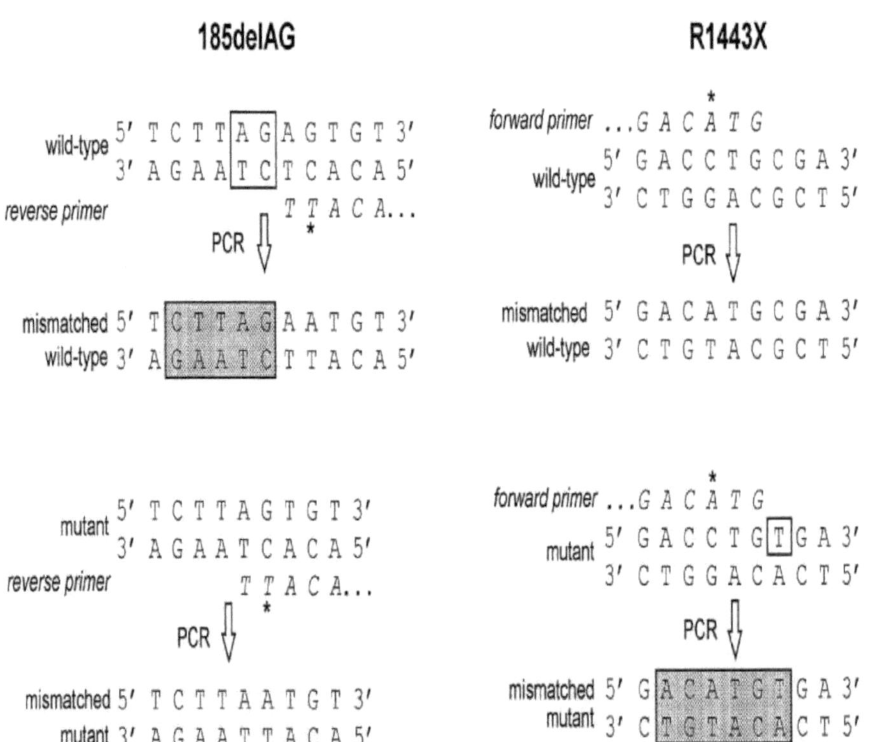

3-4.1. Concentração e qualidade do ARN extraído

A concentração de ARN extraído por espetrofotometria foi investigada.

3-4.2. Método espetrofotométrico

Este método é quantitativo e a concentração e a pureza da amostra de ARNm podem ser obtidas por absorção ótica a um comprimento de onda de 250 nm. Além disso, através do método espetrofotométrico, é possível determinar a quantidade de impurezas resultantes da presença de uma proteína ou de ADN numa solução de ARNm. Para tal, a absorção ótica foi medida a comprimentos de onda de nm280 e a razão A260 / 280 foi calculada pela máquina. Na amostra pura de ARNm, o rácio A260 / 280 é igual a ± 0,15 e na amostra pura de ADN é igual a 0,8 ± 0,15. Quanto mais o rácio calculado for inferior ao nível padrão, isso indica uma maior contaminação proteica.

1. Dissolveu-se um microlitro de ARNm em 99 µl de água destilada esterilizada e misturou-se com vórtex.

2. A absorção do espetrofotómetro com água destilada foi zero.

3. A cuvete foi cheia com uma solução contendo ARNm e a absorção ótica no programa do dispositivo, que estava relacionada com o ARN, foi medida.

4. O valor de ARN foi corrigido após a aplicação do fator de diluição (50), tendo sido calculado de acordo com a equação.

OD 260nm × 40 × Fator de densidade (µg / ml) Concentração de ARN

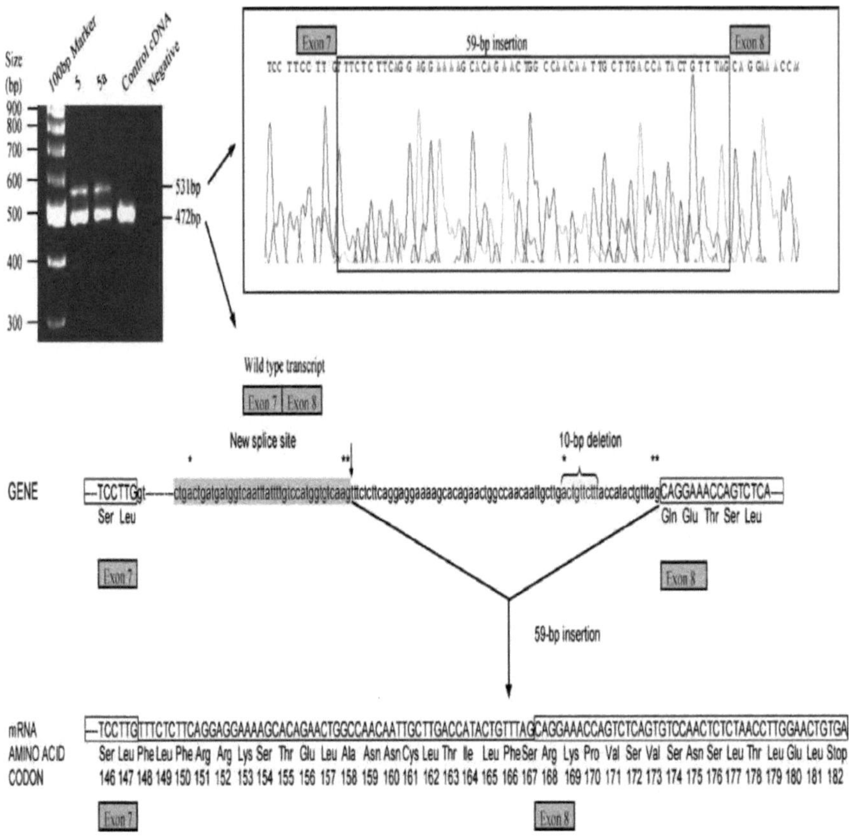

Síntese do cDNA

A síntese do cDNA foi efectuada utilizando um kit de formoterase. O ponto que deve ser considerado na síntese de cDNA é a realização de todas as etapas no gelo. Inicialmente, o frasco estéril continha 1 µl de RNA (spin). Em seguida, foi adicionado 1 µl de oligo-dT primer. O volume de ARN e oligo-dT foi então adicionado a 11 µl de água e éter a 12 µl. O frasco foi então colocado a 70 ° C após a centrifugação por 5 minutos, em seguida, entrou rapidamente no gelo para chocá-lo e impediu a formação de uma segunda estrutura para o RNA. No final do experimento, 1 µl de Ribolack (inibição de RNase), 2 µl de dNTP e 4 µl de tampão 5x foram adicionados ao frasco e incubados por 5 minutos a 25 ° C. Após esta etapa, 1 µl de enzima transcriptase reversa foi adicionado ao frasco. Quando se trabalha com a enzima transcriptase reversa, o trabalho deve ser efectuado rapidamente. Durante uma hora, colocar o frasco após a centrifugação a 42 ° C, depois o frasco foi transferido para 70 ° C durante 10 minutos para desativar a enzima. (Nota: Não abrir os frascos quando se trabalha a 70 ° C). No final do trabalho, o frasco foi transferido para -20 ° C para ser utilizado posteriormente para PCR em tempo real.

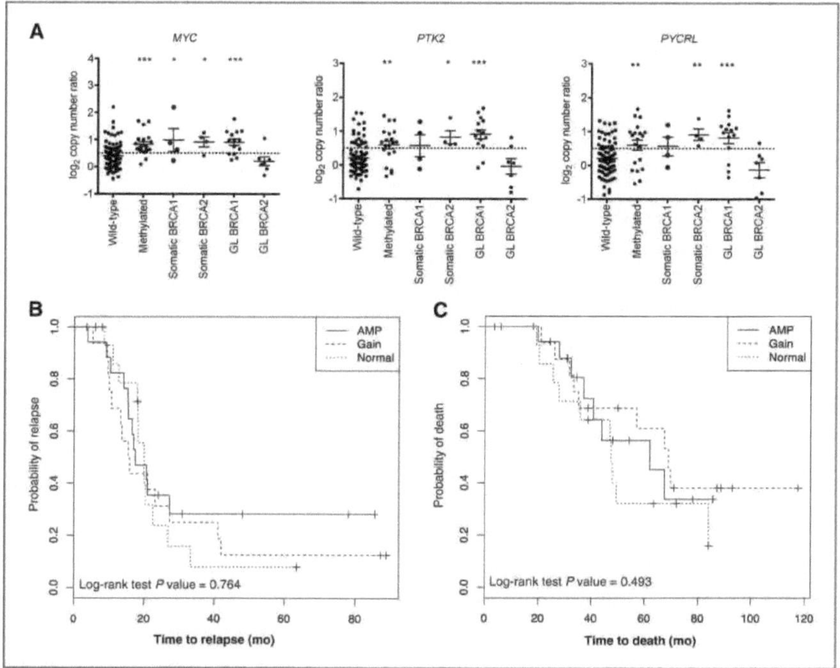

Extração do microRNA

Alguns pontos a ter em conta antes de trabalhar com ARN:

As RNases são enzimas estáveis e resistentes que decompõem os ARNs. Os solventes de autoclave e outros materiais nem sempre são suficientes para eliminar estas enzimas. Para trabalhar com ARN, é necessário, numa primeira fase, preparar um ambiente de ARN completamente livre:

- O ambiente da ARN deve estar afastado de áreas microbiológicas.

- Devem ser utilizados óculos especiais durante o transporte de micropontas, espécimes, pipetas e outros dispositivos.

- Todas as soluções de ARN devem ser preparadas com, pelo menos, 0/5% de água sem nucleases ou água DEPC.

- Todas as superfícies devem ser limpas com uma solução anti-RNase anti-inflamatória.

- Quando utilizado com amostras de ARN purificado, as amostras devem estar em gelo.

Fases da extração de microRNA

A extração de miRNA foi efectuada utilizando um kit de extração de miRNA (adquirido à Exiqon).

Em primeiro lugar, o meio de cultura do frasco foi esvaziado e as células foram lavadas com PBL de 2 mililitros durante 1 minuto. Em seguida, foram vertidos diretamente no frasco 350 mililitros de uma solução de lecitina (adquirida comercialmente e em stock, cujo conteúdo não é conhecido). O frasco foi agitado suavemente durante 5 minutos para separar as células do frasco e criar um estado de suspensão. No passo seguinte, o conteúdo do frasco foi transferido para o tubo Falcon e centrifugado, depois o sobrenadante foi eliminado e o sedimento do fundo foi recolhido e transferido para um microtipoil de 2 mm. No passo seguinte, foram adicionados 200 µl de etanol a 100-95% dentro da microtipa e misturados com vórtex durante 20 segundos. Em seguida, mais de 600 µl da solução, vertida na coluna especial fornecida pelo kit, foi centrifugada durante 2 minutos com uma rotação de x g. Após a conclusão da centrifugação, a solução recolhida foi descartada sob um microscópio por baixo da coluna e a coluna foi novamente colocada num microtipo e centrifugada durante 1 minuto a x 4000 g. Em seguida, a solução sobrenadante foi descartada dentro da coluna. Após este passo, 400 µl da solução de lavagem foram adicionados à coluna e centrifugados durante 1 minuto com uma ronda de xg de 14000 g para remover as ligações adicionais da coluna. Em seguida, foi colocada no interior da microponta uma coluna contendo um coletor Elution Tube de 1,7 mililitros contendo o próprio kit. De seguida, 50 µl de Elution Buffer foram vertidos na coluna e centrifugados durante 2 minutos a xg200 e depois durante 1 minuto a xg14000 para separar as ligações específicas entre o miRNA e a coluna. Assim, o miRNA foi recolhido no final do coletor final de microvotos. No final do trabalho, o microtubo foi transferido para -20 ° C para ser utilizado posteriormente para PCR em tempo real. Os microtubos podem ser armazenados a -20 ° C durante várias semanas.

Avaliação da pureza e da qualidade do microRNA extraído:

Após a extração do miRNA, a sua qualidade e quantidade foram investigadas por espetrofotometria (nanodrop).

Método espetrofotométrico

Este método é um método quantitativo e pode ser utilizado para obter a concentração e a pureza da amostra de miRNA utilizando uma absorvância de 260 nm. Além disso, através do método espetrofotométrico, é possível determinar a quantidade de impurezas devido à presença de proteínas numa solução de miRNA. Para isso, a absorvância ótica do mesmo tempo é medida no comprimento de onda nm280 e o rácio A260 / 280 é calculado pelo dispositivo. Se o rácio estiver entre 2-8 / 1, o resultado é bom, mas menos ou mais do que isso indica contaminação.

5- Um microlitro de miRNA foi dissolvido em 99 µl de água esterilizada e misturado com vórtex.

6- A absorvência no espetrofotómetro com água destilada foi nula.

A cuvete foi preenchida com solução contendo miRNA e a absorção de luz foi medida no programa do dispositivo que estava relacionado com o miRNA.

8. O valor do miRNA foi corrigido após a aplicação do fator de diluição (50) e foi calculado de acordo com a equação.

OD 260nm × 40 × Fator de diluição (µg / ml) da concentração de microRNA

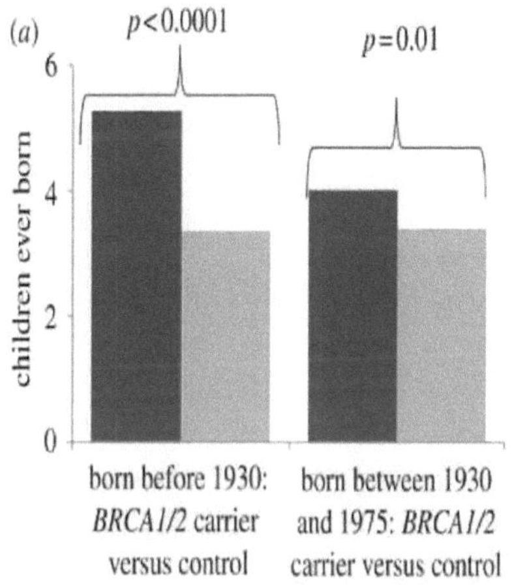

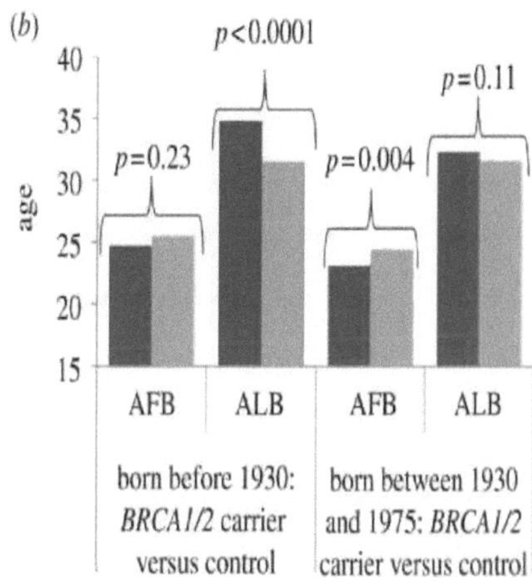

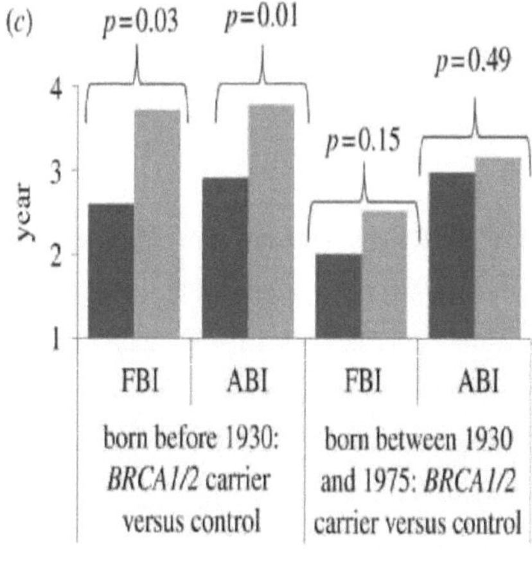

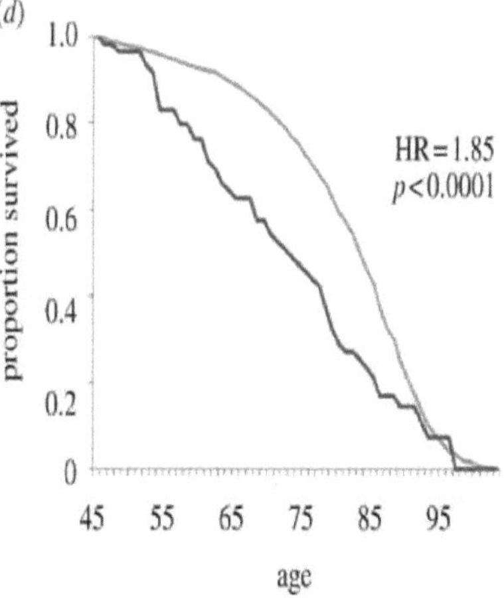

Síntese de cDNA para microRNA

O ponto que deve ser considerado na síntese do cDNA é a realização de todos os passos no gelo. Inicialmente, a concentração de miRNA atingiu 5 ng / µl usando nuclease sem dissulfeto. Antes da experiência, a mistura tampão 5X foi colocada a 4 ° C para entrar lentamente no estado líquido. O 4º

Landa foi adicionado ao microscópio a partir do tampão 5X. A microponta Landa 9 foi então adicionada à água destilada sem núcleo. No final da experiência, a quantidade de 4 lanta foi adicionada ao microtipo do miRNA purificado a uma diluição de 5 ng / ml e 2 lanta da enzima RNA polimerase. Em seguida, agitou-se o microtipo durante 30 segundos na máquina Shacker. Em seguida, foi microfundido por 30 segundos e colocado a 37 ° C por 5 minutos. Após este passo, foi adicionado 1 µl de enzima transcriptase reversa à microponta. Quando se trabalha com uma enzima transcriptase reversa, o trabalho deve ser efectuado rapidamente. Posteriormente, a microponta foi colocada a 42 ° C durante uma hora após a centrifugação e, em seguida, a microponta foi transferida para 95 ° C durante 5 minutos, até a enzima ser desactivada. No final da experiência, a microponta foi transferida para -20 ° C até mais tarde para a PCR em tempo real.

Quadro 1-1: Sequência das sequências de nucleótidos dos iniciadores do gene hTERT e da actina β

Oligonucleótido	Localização	Sequência	Tamanho do produto PCR (bp)
hTERT Primer direto Primer inverso	2165F 2362R	5 "CCGCCTGAGCTGTACTTTGT3 5 'CAGGTGAGCCACGAACTGT3 '	198
βeta-actina Primário direto Primário inverso	787F 917R	5 'TCCCTGGAGAAGAGCTACG3 ' 5 'GTAGTTTCGTGGATGCCAC A3 '	131

PCR em tempo real

Os princípios gerais desta abordagem são semelhantes aos da PCR convencional, com a diferença de que a técnica é um modelo de cDNA e a sua quantidade é detectada em conjunto com a progressão da reação de PCR. Esta funcionalidade deve-se à presença de compostos no ambiente da reação de PCR, que apresentam um comportamento variável em termos de emissão de luz fotorrefractiva em dois estados, para além do ADN. Estão disponíveis várias ferramentas para a PCR em tempo real que medem a quantidade total de produtos fluorescentes por ciclo. A fluorescência medida é proporcional ao número de ciclos. O número de ciclos que representa a multiplicação é {Ciclo limiar (Ct) .

PCR em tempo real utilizando a cor SYBER Green I

O método mais fácil e mais económico. O SYBER Green I tem a capacidade de se ligar a um sulco de ADN de cadeia dupla e, após a ligação, o poder de emissão de fluorescência é aumentado. À medida que o número de ciclos de PCR aumenta, o número de produtos de PCR de cadeia dupla também aumenta. Este facto aumenta a ligação do SYBER Green I ao ADN de cadeia dupla, o que resulta num aumento da emissão de fluorescência a 520 nm. O sinal de fluorescência aumenta na fase de prolongamento. No sentido de uma fluorescência máxima no final da fase de alongamento e, pelo menos, no final da fase de desnaturação. A fluorescência emitida pelo dispositivo é reconhecível e medida.

Vantagens e desvantagens da PCR em tempo real

As vantagens deste método são a contagem um pouco rápida, a medição de ciclos cíclicos, a repetibilidade e a elevada exatidão, a elevada sensibilidade e especificidade, a redução da poluição e a utilização de um calibrador interno. O defeito deste método é a sua baixa especificidade. Assim, o SYBER Green I liga-se incolormente aos produtos proliferativos da PCR, como o primer-dimmer, e resulta em falsos positivos. Por outro lado, a Curva de Melting pode ser usada para resolver este problema. Numa análise deste tipo, com fluorescência constante, a temperatura aumenta lentamente de 40 para 95 ° C. A baixas temperaturas, quando todos os ADNs são de duas cadeias, a fluorescência é elevada, mas no ponto de fusão da fluorescência, os produtos de ADN são drasticamente reduzidos. Os produtos de PCR de diferentes comprimentos fundem-se a diferentes temperaturas e produzem um pico claro. Se a reação for apenas um produto de PCR proprietário, apenas um mensageiro é visível.

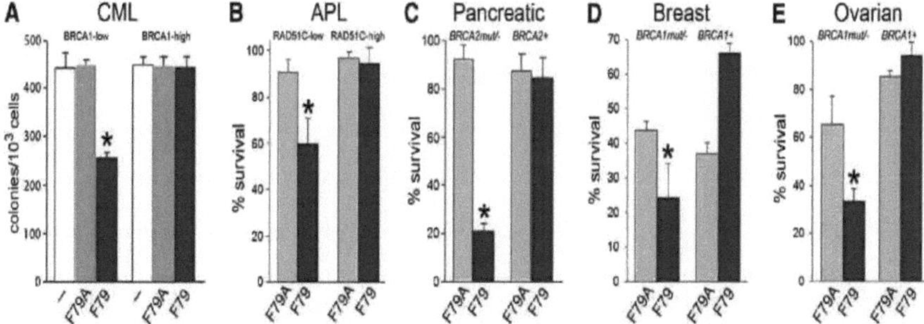

Ensaio quantitativo da expressão dos genes hTERT e beta-actina utilizando SYBR-green Real Time RT-PCR:

Para o efeito, foi utilizado o kit SYBR-green Real Time RT-PCR (Roche Alemanha). Foram preparadas concentrações de 1,2, 1,1 e 1,5 μL a partir do cDNA sintetizado. A concentração de 1,2 foi utilizada como modelo para a PCR em tempo real. O cDNA foi amplificado com primers especiais para o gene da telomerase e o gene beta-beta (como controlo interno). De acordo com o kit, foi efectuada uma replicação de 20 microlitros que consiste em 10 lâminas do Master Mix, 1 lâmina do primer Forward, 1 lâmina do primer Reverse, 2 lâminas do cDNA e 6 lâminas de água destilada Be

Em primeiro lugar, diluiu-se 2 landa do cDNA em micropontas específicas para RT-PCR. Em seguida, adicionou-se a 2ª landa da mistura de primers contendo 1 Landa Primer Primer e 1 Reverse Landa Primer à microponta e, finalmente, 10 Landa Sybergreen Master Mix e 6 Landa de água destilada foram adicionados à solução final. O teste da microponta foi agitado durante 30 segundos na máquina Shacker. As microtips foram então microfundidas durante 30 segundos e inseridas no RT-PCR.

Condições óptimas (temperatura e concentração) na PCR em tempo real

A reação de propagação foi realizada durante 40 ciclos de acordo com o seguinte padrão de temperatura:

A ativação da enzima (Hot start) foi realizada a 94 ° C. Desnaturação inicial e manutenção a 94 ° C durante 10 segundos, desnaturação secundária durante 5 segundos a 94 ° C e recozimento a 60 ° C durante 40 segundos e prolongamento a 72 ° C demorou cerca de 20 segundos. Após estas etapas, o passo de fusão foi medido a 72 a 95 ° C para determinar as bandas não específicas. Com a utilização da cor da ciberrina (SYBR Green), a amplificação foi conseguida em cada ciclo. A cor da ciberrina emite um sinal fluorescente ao ligar-se a um ADN de cadeia dupla. Num ciclo em que a reação de replicação entra na fase logarítmica e é designado por "ciclo Threshold" (CT), mede-se o aumento do produto. Após a conclusão da reação de amplificação, para cada reação de PCR, foi desenhado um gráfico e, em seguida, foi determinado o CT.

Expressão quantitativa da expressão de miR-138 e miR-196b utilizando SYBR-green Real Time RT-PCR:

Para o efeito, foi utilizado o kit SYBR-green Real-Time RT-PCR, Exiqon (Dinamarca).

A duplicação e a análise dos dados foram efectuadas por Aplied biosystem e Kot. De acordo com as instruções do kit, foi realizada uma reação de amplificação de 25 microlitros, constituída por 5 lâminas do master mix, 1 lâmina de cada primer e 4 lâminas do cDNA sintetizado.

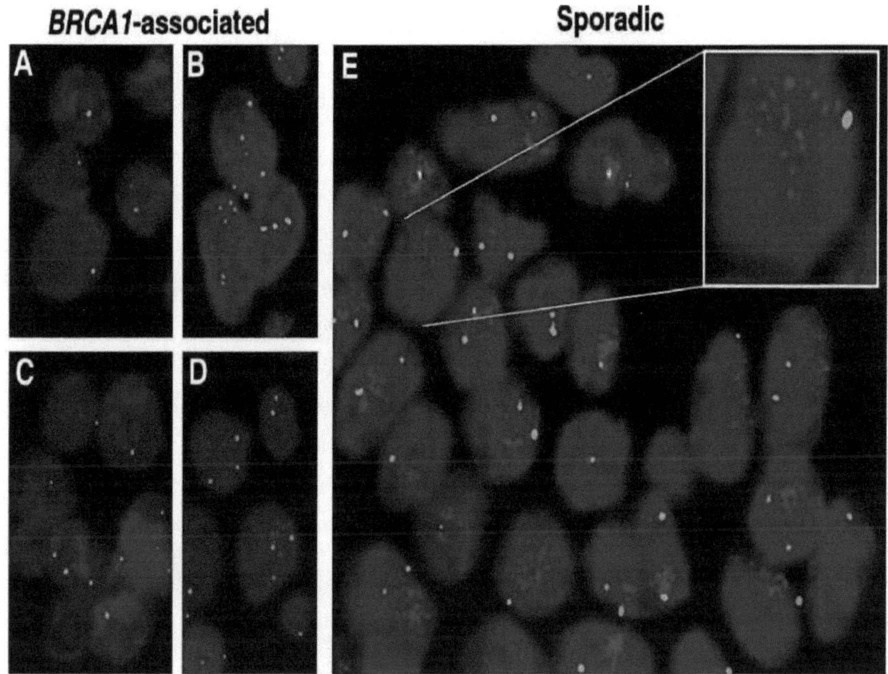

Ao efetuar a PCR, devem ser seguidos os seguintes pontos: 1- A secretária foi esterilizada com álcool a 70%.

2. Todos os microscópios e microscópios utilizados foram autoclavados antes do início.

3. Antes de começar a trabalhar, todo o equipamento necessário foi verificado.

4. Configurar o programa do dispositivo antes de iniciar a PCR e simplesmente não o executar.

5. A PCR foi efectuada em gelo. Por conseguinte, todos os materiais (H2O, tampão, dNTP, MgC12, primers F e R, modelo) foram colocados em gelo, exceto a enzima, que foi colocada num local previamente esterilizado com álcool.

6. A memória intermédia foi utilizada antes da própria utilização do vértice e depois da rotação.

7. O dNTP e o MgC12 foram colocados em vértice e depois centrifugados.

8. Escorva muito baixa e depois gira.

Em primeiro lugar, a concentração de cDNA sintetizado diluído de 1:80 foi diluída com nuclease sem dissulfureto. Em seguida, foram vertidos 4 lanta do cDNA diluído em micropontas específicas para RT-PCR. No passo seguinte, adicionou-se 1 landa à microponta da mistura de iniciadores que contém 0,5 Landa Forward Primer e 0,5 Lund Reverse Primer e, por fim, deitou-se 5 Landa Sybergreen master mix na solução final. O teste da microplaca foi agitado durante 30 segundos na máquina Shacker. As microtips foram então microfundidas durante 30 segundos e inseridas na RT-PCR.

Condições óptimas (temperatura e concentração) na PCR em tempo real

A reação de propagação foi realizada durante 40 ciclos de acordo com o seguinte padrão de temperatura:

A ativação da enzima (Hot start) foi realizada a 95 ° C. Temperatura de retenção e denturização inicial a 95 ° C durante 10 minutos, recozimento a 60 ° C durante 1 minuto e denturização secundária durante 10 segundos a 95 ° C. Após estas etapas, a etapa de fusão foi medida a 55 a 95 ° C para determinar bandas não específicas. Com a utilização da cor da ciberrina (SYBR Green), a amplificação foi conseguida em cada ciclo. A cor da ciberrina emite um sinal fluorescente ao ligar-se a um ADN de cadeia dupla. Num ciclo em que a reação de replicação entra na fase logarítmica e é designado por "ciclo Threshold" (CT), mede-se o aumento do produto. Após a conclusão da reação de amplificação, para cada reação de PCR, foi desenhado um gráfico e, em seguida, foi determinado o CT.

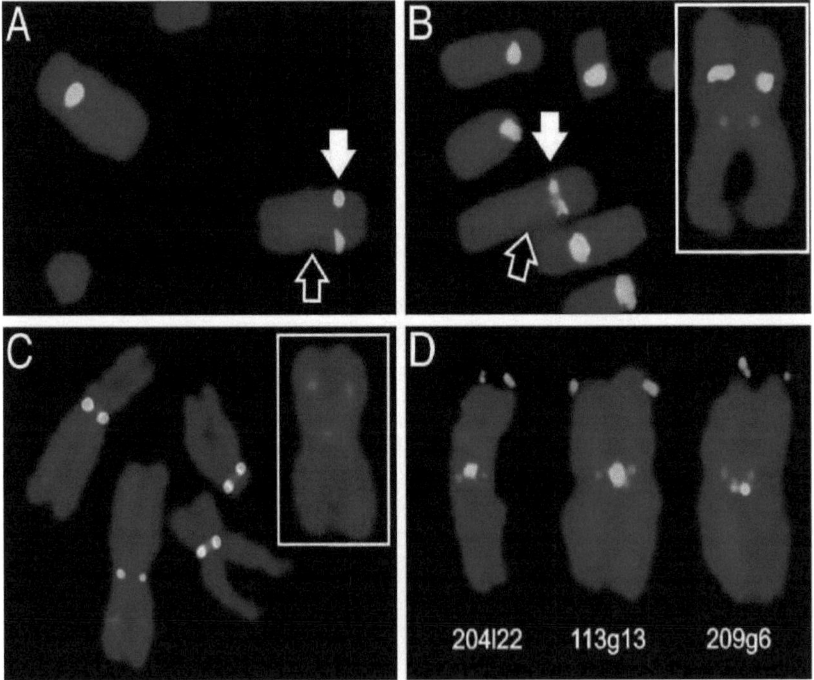

Avaliação da pureza e da qualidade dos produtos PCR em tempo real:

Os valores CT (Threshold cycle) foram calculados para cada amostra. A expressão dos genes hTERT, βeta-actina, miR-138 e miR-196b foi medida em cada amostra utilizando os valores CT. As fórmulas de cálculo são as seguintes:

CT = alvo de CT - referência de CTΔ

ΔΔ CT = Δ CT amostra de ensaio - Δ CT amostra de controlo

O Spss16 foi utilizado para a análise estatística. As diferenças nos níveis de expressão dos genes microRNAs, hTERT e βeta-actina entre as células tratadas e o controlo foram determinadas pelo teste A / VOVA e Tukeys.

Resultados

Curva de PCR em tempo real para o gene hTERT

O ensaio quantitativo do gene hTERT foi efectuado em linhas celulares T47D e tratado com hlnalina às 24, 48 e 72 horas. A análise dos dados obtidos a partir das CTs fornecidas pelo dispositivo mostrou que existe uma diferença significativa entre as amostras tratadas e as amostras de controlo em termos de expressão do gene hTERT. Cada curva da Fig. 2-4 corresponde a uma concentração específica de helenalina, e a TC pode comparar cada curva com outras curvas. Quanto maior a taxa de CT, menor a expressão do gene. Por outras palavras, com o aumento da dose de Helenalina, observou-se a redução da expressão do gene hTERT entre os espécimes tratados. (Figura 4-2).

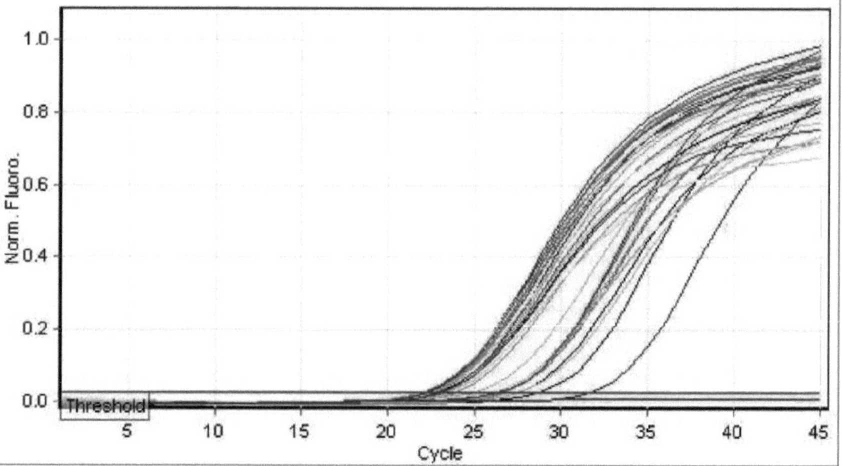

Figura (1-4): Curvas de Expressão do Gene HTERT em Células T47D no Teste PCR em Tempo Real. A quantidade de fluorescência emitida aumentou com o aumento da quantidade de produtos durante os ciclos de PCR.

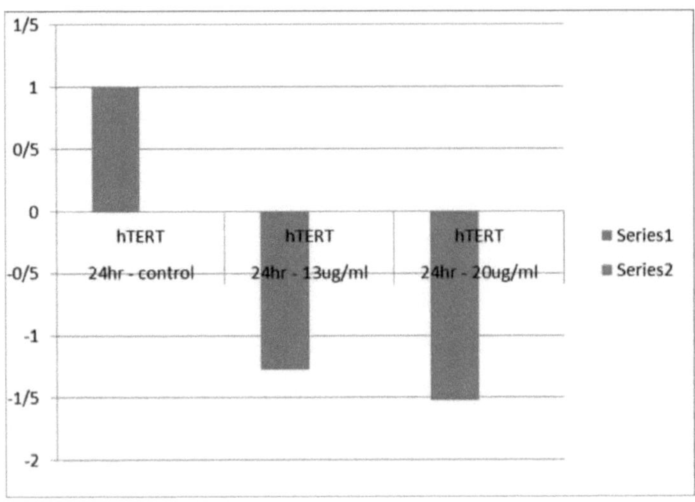
1/5
1
0/5
0
-0/5
-1
-1/5
-2
hTERT
24hr - control
hTERT
24hr - 13ug/ml
hTERT
24hr - 20ug/ml
Series1
Series2

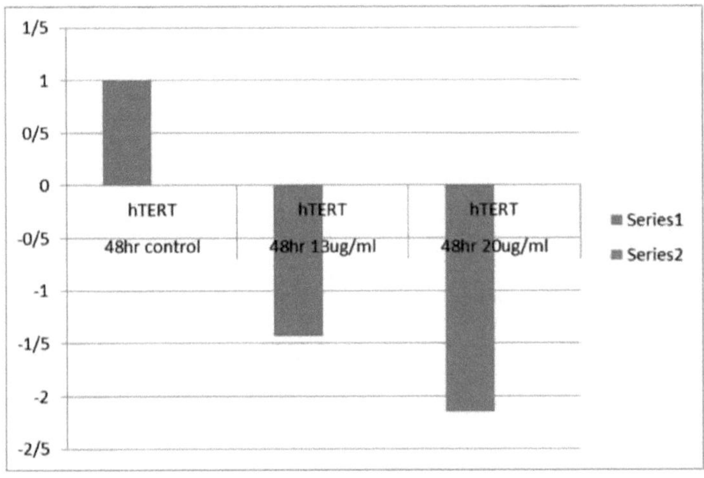
1/5
1
0/5
0
-0/5
-1
-1/5
-2
-2/5
hTERT
48hr control
hTERT
48hr 13ug/ml
hTERT
48hr 20ug/ml
Series1
Series2

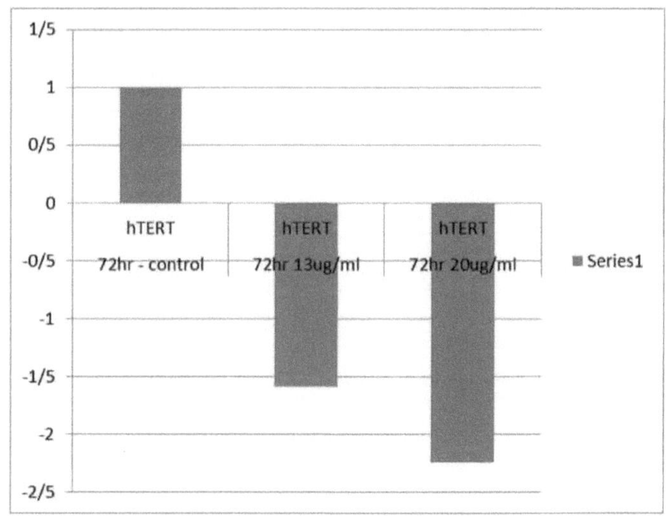

Curva de fusão para o gene hTERT

Devido às variações de temperatura na análise da Curva de Fusão, cada fragmento de ADN de cadeia dupla contido no produto é de cadeia simples com base no comprimento e no conteúdo das bandas GC à sua temperatura de fusão específica, e esta alteração é modelada pelo sistema como Um pico é apresentado. Como se pode ver em (3-4), a existência de apenas um pico associado ao gene hTERT é indicativa da ausência de elementos como o produto não específico e o iniciador (Figura 3-6) .

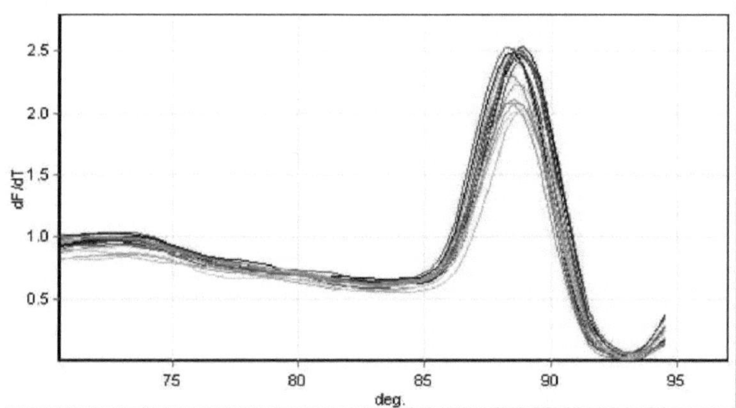

Figura 3-3: A curva de fusão para o gene hTERT: Nesta curva de produto específica, os produtos são avaliados em RT-PCR em tempo real. A temperatura de fusão para o gene hTERT é de 85 ° C.

O resultado da avaliação da pureza e da qualidade dos microRNAs extraídos A espetrofotometria foi utilizada para determinar a pureza do ARN extraído. Através da leitura da absorção do ARN, é possível obter o ARN extraído. A razão de absorção da densidade ótica (DO) foi medida a 260 nm, com comprimentos de onda de 260 nanómetros a 280 nm. A maior DO a um comprimento de onda de 260/260 de 1,6 é a indicação de ARN puro.

Resultados dos dados de PCR em tempo real para os genes miR-138 e miR-196b

As curvas de PCR em tempo real para o miR-138 são as seguintes:

1. Após 24 horas, a expressão do miR-138 em concentrações de 13 e 20 nm de hlnalina aumenta de 1,1 para 1,4. Gráfico (4-4).

2. Após 48 horas, a expressão do miR-138 em concentrações de 13 e 20 nm de Helenalina passa de 2,9 para 2,3. Gráfico (4-5).

3. Após 72 horas, a expressão do miR-138 em concentrações de 13 e 20 nm de hlnalina passa de 1,14 para 1,7. Gráfico (4-6).

As curvas de PCR em tempo real para o miR-196b são analisadas da seguinte forma:

1. Após 24 horas, a expressão do miR-196b em concentrações de 13 e 20 nm de hlnalina aumenta de 1,3 para 1,5. Gráfico (4-7).

2. Após 48 horas, a expressão do miR-196b em concentrações de 13 e 20 nm de hlnalina aumenta de 1,6 para 3,9. Gráfico (4-8).

3. Após 72 horas, a expressão do miR-196b em concentrações de 13 e 20 nm de hlnalina aumenta de 1,9 para 2,3. Gráfico (4-9).

Curvas de PCR em tempo real para os genes miR-138 e miR-196b

Foi efectuada uma medição quantitativa dos genes miR-138 e miR-196b em linhas celulares T47D tratadas com holalanina em diferentes horas de 24, 48 e 72 horas. A análise dos dados mostrou que havia uma diferença significativa entre a amostra Os animais tratados e de controlo têm um nível de expressão genética. Como mostrado na Fig. 4-4, o aumento da expressão dos genes miR-138 e miR-196b foi observado entre os espécimes tratados ao aumentar a dose de Helenalina.

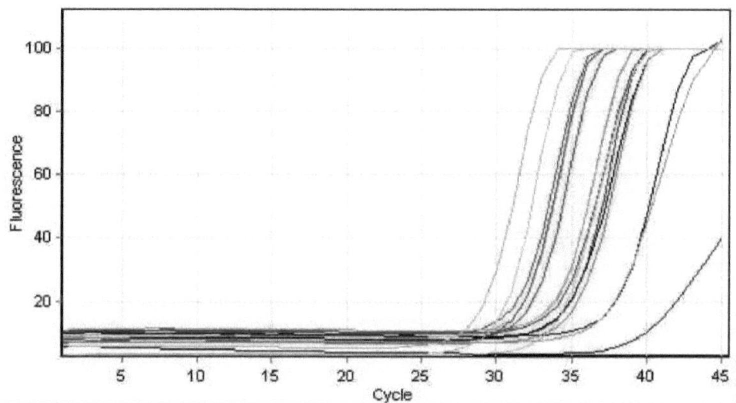

Fig. 4-4: Padrões de crescimento dos genes miR-138 e miR-196b nas linhas celulares T47D no teste PCR em tempo real.

Curva de fusão para os genes miR-138 e miR-196b

Devido às variações de temperatura na análise da Curva de Fusão, cada fragmento de ADN de cadeia dupla contido no produto é de cadeia simples com base no comprimento e no conteúdo das rochas GC à sua temperatura de fusão específica, e esta alteração é modelada pelo sistema como Um pico é apresentado. Como se pode ver na Figura 4-5, a presença de apenas um pico associado aos genes miR-138 e miR-196b é indicativa da ausência de elementos como produtos não específicos e O primer é um dimmer (Fig. 4-5).

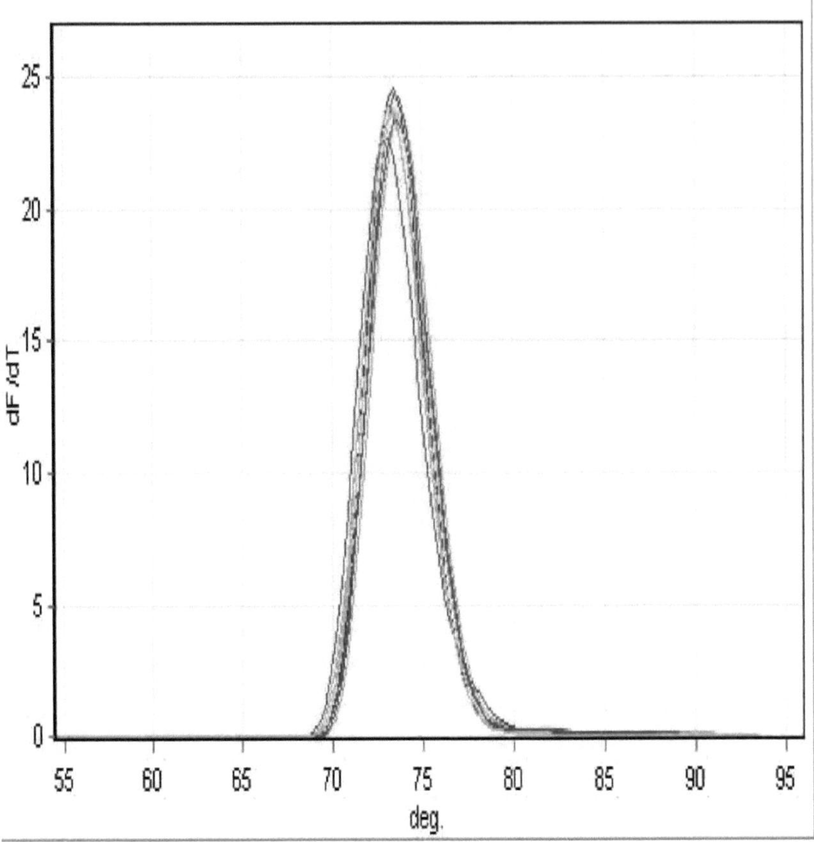

Figura 4-5: Curva de fusão para os genes miR-138 e miR-196b: Nesta curva específica do produto, foram investigadas reacções de RT-PCR em tempo real. A temperatura de fusão dos genes miR-138 e miR-196b situa-se entre -90-55 ° C.

Discussão e conclusão

O cancro da mama é um dos cancros mais comuns entre as mulheres em todo o mundo e é a segunda principal causa de morte entre as mulheres, a seguir ao cancro do pulmão. Por conseguinte, para reduzir a mortalidade do cancro da mama, é essencial o desenvolvimento de novos métodos de tratamento, prevenção ou diagnóstico do cancro da mama (20). Existem vários tipos de terapias para doentes com cancro da mama, como a cirurgia, a quimioterapia, a radioterapia, a terapia hormonal e a terapia genética (17). Estas terapias para o cancro metastático não são tão eficazes e têm efeitos secundários graves.

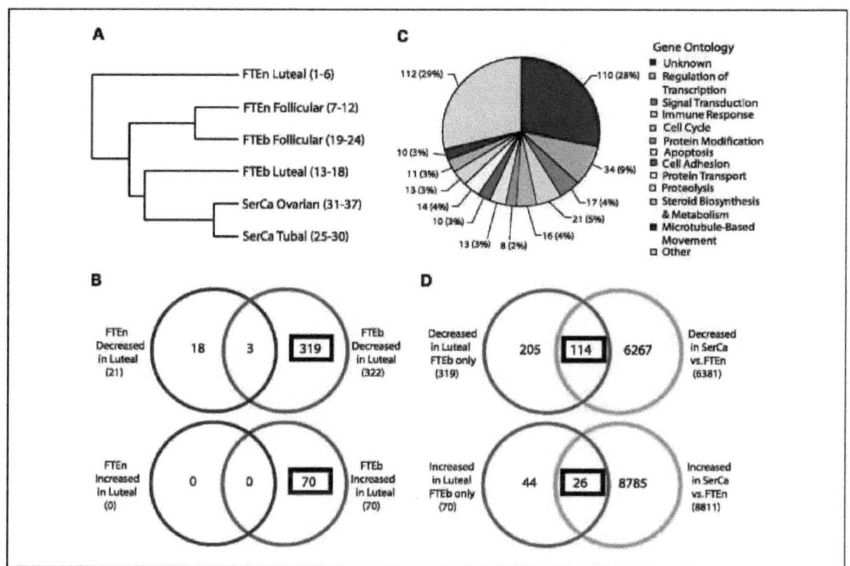

A telomerase é uma enzima ribonucleoproteica composta por duas partes. Um padrão de ARN denominado hTR humano e utilizado como modelo para a síntese da telomerase, e a segunda parte da subunidade ativa da proteína catalítica, hTERT com atividade de transcriptase reversa, que adiciona repetições teloméricas à extremidade dos cromossomas e é essencial para que o crescimento das células tumorais continue. A telomerase é um alvo terapêutico anticancerígeno adequado porque a sua atividade está presente em mais de 90% dos cancros humanos, incluindo mais de 95% dos cancros da mama, enquanto na maioria das células somáticas não é detetável (18). Contrariamente aos progressos significativos da tecnologia médica para o diagnóstico e o tratamento, o cancro continua a ser uma ameaça generalizada para a mortalidade. Atualmente, presta-se mais atenção à identificação de materiais que possam inibir, atrasar ou inverter o processo de carcinogénese em várias fases. Tem sido referido que uma vasta gama de substâncias fenólicas, especialmente as que se encontram nas plantas medicinais e nos alimentos, têm efeitos anticancerígenos e antimutagénicos significativos (19).

A Helenalina é uma lactona sesquiterpénica derivada da Arnica Montana e da Arnica Camison foliosa. Tem efeitos anti-tumorais e anti-inflamatórios (22). Estudos anteriores demonstraram que a Helenalina inibe diretamente a expressão da enzima telomerase em linhas celulares de cancro da mama T47D de uma forma dependente do tempo. Os miRNAs são um grupo de pequenos RNAs não-codificantes que expressam a expressão genética através do controlo do mRNA e da inibição do processo de tradução ou decomposição do RNA que controlam. Os miRNAs maduros são moléculas na gama de 25 a 19 nucleótidos que têm origem em precursores da série pin de miRNAs com um comprimento de 100-70 nucleótidos. A associação de miRNAs no cancro humano foi levantada pela primeira vez em 2002 por Calin e colegas a partir de estudos moleculares que identificaram a eliminação do 13q14 na leucemia linfoide crónica humana (LLC). Mostraram que o miR-15a e o miR-16-1 eram os únicos genes localizados numa área comum de eliminação. Mais tarde, foi demonstrado que em 60-50% dos casos de LLC humana, estes dois miRNAs estão reduzidos (2). As descobertas que mostram que os miRNAs desempenham um papel nos cancros humanos são reforçadas pelo facto de mais de 50% dos genes de miRNA em regiões cromossómicas, tais como pontos frágeis e pontos de deleção e replicação, estarem geneticamente nos cancros humanos (3). Num estudo realizado por Sohail et al. em 2007 para reguladores gerais do cancro metastático, ficou claro que, à medida que as células do cancro da mama metastizam, um conjunto de miRNAs não é expresso. Neste estudo, foi demonstrado que a retoma da expressão destes miRNAs em células malignas inibe a metástase em cancros do pulmão e dos ossos (31).

Em 2008, Shingo e colegas utilizaram a RT-PCR mediada por Stem-loop para expressar vários miRNAs, incluindo o miR-138, em 10 linhas celulares ATC e 5 linhas celulares PTC, bem como em tumores primários de 11 doentes com cancro da tiroide (incluindo 3 doentes com ATC e 8 doentes com PTC) investigados. Este estudo mostrou que a expressão de miR-138 em linhas celulares de ATC diminuiu significativamente em comparação com PTC (P <0,01). 11 miRNAs, incluindo o miR-138, potencialmente direcionado para o gene hTERT, diminuiu tanto nas linhas celulares de CTA como de CPT, em comparação com os tecidos normais da tiroide. Por outro lado, o aumento da expressão do miR-138 resultou numa redução da expressão da proteína hTERT. De facto, existe uma relação inversa entre a expressão do gene hTERT e do miR-138 (30).

Noutro estudo de 2011, Suman Bhatia e colegas expressaram a expressão do miR-196b em locais susceptíveis à transfusão nas linhas celulares de MOLT4, JURKAT, bem como nas amostras de ALL-B-Cell e T-Cell- ALL verificadas. As experiências mostraram uma relação inversa entre a expressão do gene C-myc e os seus genes efectores, incluindo os genes hTERT e miR-196b, em ambos os grupos (33).

Neste estudo, foram investigados os efeitos da helenalina na expressão de miR-138 e miR-196b e a relação entre a expressão destes miRNAs e o nível de expressão do gene hTERT nas linhas celulares de cancro da mama T47D. Células de cancro da mama T47D Células de cancro da mama Após crescimento suficiente num meio de 5-5 mm, meio RPMI 1640 em frascos de 25 cm quadrados com concentrações de Helenalina de 13 e 20 nm em diferentes horas de 24, 48 e 72 horas de tratamento Foram Medição da expressão do gene hTERT por PCR em tempo real mostrou que, ao aumentar a concentração de Helenalina de 13 nm para 20 nm, a expressão do gene hTERT diminuiu de 30% para 65%. Entretanto, a expressão do miR-138 demonstrou que, após 24, 48 e 72 horas, a expressão aumentou, mas a expressão mais elevada foi registada em 48 horas e a expressão do miR-196b foi medida Após 24 horas, a expressão aumenta de 20% para 50%, mas após 48 e 72 horas regista a expressão mais elevada. Como mencionado acima, foi observada a expressão de miR-138 e miR-196b em linhas celulares cancerígenas, e foi sugerido que estes miRNAs desempenham um papel no papel de supressor de tumor genómico. Os nossos resultados mostraram que a expressão de ambos os miRNAs em amostras de controlo sem tratamento com halenalina diminui, mas em ambas as amostras tratadas com halenalina, a expressão de ambos os miRNAs aumenta com o aumento das concentrações e do tempo. Por conseguinte, sugere-se que o miR-138 e o miR-196b nas linhas celulares de cancro da mama T47D podem ter o papel de um gene supressor de tumores. Por conseguinte, o aumento da concentração de Helenalin pode aumentar a expressão de miR-138 e miR-196b, e o aumento da expressão destes miRNAs reduz a expressão do gene hTERT. Embora o aumento da expressão de vários miRNAs reduza a expressão de hTERT, a medição da expressão destes miRNAs pode, pelo menos, ser útil como ferramenta de diagnóstico e conduzir ao desenvolvimento de uma nova abordagem terapêutica para o cancro da mama.

Foi demonstrado que a halenalina tem uma atividade anticancerígena significativa em diferentes tipos de cancros epiteliais, incluindo o cancro da mama. Ao contrário de outros medicamentos químicos utilizados no tratamento do cancro, a halenalina é anti-tóxica e não tem efeitos secundários nocivos, sendo considerada um medicamento eficaz e adequado para utilização terapêutica.

ASTURIAS
GALICIA
CANTABRIA
CASTILLA y LEÓN
20 km
ASTURIAS
SPAIN
BRCA1 c.2900_2901dupCT, p.Pro968Leufs
BRCA2 c.4030_4035delinsC, p.Asn1344Hisfs
Eonavian dialect region
Transhumance central region

Referências

1. Alexandra J Murray, 2010, **The genetics of breast cancer**, Surgery, Volume 28, Issue 3 , Pages: 103-106.

2. Calin GA, Dumitru CD, Shimizu M e et al, 2002, **Frequent deletions and down-regulation of micro-RNA genes miR15 and miR16 at 13q14 in chronic lymphocytic leukemia**, Proc Natl Acad Sci USA,

3. Calin GA, Sevignani C, Dumitru CD e et al, 2004, **Human microRNA genes are frequently located at fragile sites and genomic regions involved in cancers**, Proc Natl Acad Sci USA;101:2999-3004.

4. Chapman, Dennis E, Roberts G.B e et al, 1988, **Acute Toxicity of Helenalin in BDF1 Mice**, Toxicological Sciences, 10 (2): 302.

5. Chuan Bian Lim, Pan You Fu e Nung Ky, 2012, **a repressão de NF-κB p65 pela lactona sesquiterpênica, Helenalin, contribui para a indução da morte celular por autofagia**, Bio Med Central, 12: 93-98.

6. Dong Wang, Chengxiang Qiu, Haijun Zhang e et al, 2010, **Human MicroRNA Oncogenes and Tumor Suppressors Show Significantly Different Biological Patterns: From Functions to Targets**, PLoS ONE, Volume 5, Número 9, e 13067.

7. Edward R Sauter e Mary B. Daly, 2010, **Breast Cancer Risk Reduction and Early Detection**, Nova Iorque, Springer pub, pp: 5-30.

8. Fatemeh Asadzadeh Vostakolaei, Mireille J.M. Broeders, S. Mohsen Mousavi, 2012, **The effect of demographic and lifestyle changes on the burden of breast cancer in Iranian women: Uma projeção até 2030**, The Breast , 1-5.

9. Garcia M, Jemal A e Ward E, 2007, **American cancer society, Cancer facts and figures**, 63, 22-26.

10. Harirchi, S. Kolahdoozan, M. Karbakhsh e et al, 2011, **Twenty years of breast cancer in Iran: downstaging without a formal screening program**, Annals of Oncology, 22: 93-97.

11. Helmut K. Seitz, Claudio Pelucchi, Vincenzo Bagnardi e et al, 2012, **Epidemiologia e Fisiopatologia do Álcool e do Cancro da Mama: Update 2012, Alcohol and Alcoholism**, Vol. 47, No. 3, pp. 204-212.

12. Iorio MV, Ferracin M, Liu CG e et al, 2005**, MicroRNA gene expression deregulation in human breast cancer**, Cancer Res 65: 7065-7070.

13. Johnson KC, Miller AB, Collishaw NE, 2011, **Active smoking and secondhand smoke increase breast cancer risk: the report of the Canadian Expert Panel on Tobacco Smoke and Breast Cancer Risk,** Tobacco control, 20 (1): e2.

14. Joshua D. Podlevsky e Julian J.L. Chen, 2012, **It all comes together at the ends: Telomerase structure, function, and biogenesis**, Mutation Research, 730, 3- 11.

15. Karla Kerlikowske, Andrea J. Cook, Diana S.M. Buist e et al, 2010, **Breast Cancer Risk by Breast Density, Menopause, and Postmenopausal Hormone Therapy Use**, Journal of clinical oncology , volume 28, N 24.

16. Kaul D, Bhatia S e Varma N, 2010, **Potential tumor suppressive function of miR-196b in B-cell lineage acute lymphoblastic leukemia**, the Journal of Mol Cell Biochem, 340, 97-106.

17. Kennedy S, Geradts J, Bydlon T e et al, 2010, **Optical breast cancer margin assessment: an observational study of the effects of tissue heterogeneity on optical contrast**, Breast Cancer Res, 12(91), 1-36.

18. Kennon R. Poynter, Patrick C. Sachs, A. Taylor Bright e et al, 2009, **Genetic inhibition of telomerase results in sensitization and recovery of breast tumor cells**, Mol Cancer Ther, 8:1319-1327.

19. Khattak S, Saeed UR, Ullah SH e et al, 2005, **Biological effects of indigenous medicinal plants Curcuma longa and Alpinia glanga**, Fitoteropia, 76(2), 254-7.

20. Kwan ML, Kushi LH, Weltzien E e et al, 2009, **Epidemiology of breast cancer subtypes in two prospective cohort studies of breast cancer survivors**, Breast Cancer Res, 11(3), 31.

21. Lu J, Getz G, Miska EA e et al, 2005, **MicroRNA expression profiles classify human cancers**, Nature 435: 834-838.

22. Lyss G, Knorre A, Schmidt TJ e et al, 1998, **A lactona sesquiterpénica anti-inflamatória helenalina inibe o fator de transcrição NF-kappaB ao visar diretamente o p65**, J Biol Chem, 273 (50): 33508-16.

23. Marilena V. Iorioa, Patrizia Casalinia, Claudia Piovana e et al, 2011, **Breast cancer and microRNAs: therapeutic impact**, The Breast 20, S3, S63-S70.

24. Michael MZ, SM OC, Holst Pellekaan NG e et al, 2003, **Reduced accumulation of specific microRNAs in colorectal neoplasia**, Mol Cancer Res 1: 882-891.

25. Pei-Rong Huang, Yuan-Ming Yeh e Tzu-Chien V. Wang, 2005, **Potent inhibition of human telomerase by helenalin**, Cancer Letters, 227, 169-174.

26. Pilar Eroles, Ana Bosch, J. Alejandro Pérez-Fidalgo e et al, 2012, **Molecular biology in breast cancer: Intrinsic subtypes and signaling pathways**, Cancer Treatment Reviews, 38, 698-707.

27. R.A. Oldenburg, H. Meijers-Heijboer, C.J. Cornelisse e et al, 2007, **Genetic susceptibility for breast cancer: Quantos genes faltam ainda encontrar?** Critical Reviews in Oncology/Hematology, 63, 125-149.

28. Ruimin Ma, Wei Yan, Guojun Zhangl e et al, 2012, **Upregulation of miR- 196b Confers a Poor Prognosis in Glioblastoma Patients via Inducing a Proliferative Phenotype**, PLoS ONE, Volume 7, Issue 6, e38096.

29. Sariego J, 2010, **Breast cancer in the young patient, The American surgeon**, 76 (12), 1397-1401.

30. Shingo Mitomo, Chihaya Maesawa, Satoshi Ogasawara e et al, 2008, **Downregulation of miR-138 is associated with overexpression of human telomerase reverse transcriptase protein in human anaplastic thyroid carcinoma cell lines**, Cancer Sci, vol. 99, no. 2, 280-286.

31. Sohail F. Tavazoie, Claudio Alarcón, Thordur Oskarsson e et al, 2007, **Endogenous human microRNAs that suppress breast cancer metastasis**, Nature 451, 147-152.

32. Steven E.Artandi e Ronald A.DePinho, 2010, **Telomeres and telomerase in cancer**, Carcinogenesis, vol.31, no.1, pp.9-18.

33. Suman Bhatia, Deepak Kaul e Neelam Varma, 2011, **Functional genomics of tumor suppressor miR-196b in T-cell acute lymphoblastic leukemia**, the journal of Mol Cell Biochem , 346, 103-116.

34. Tsai KW, Hu LY, Wu CW e et al, 2010, **Epigenetic regulation of miR-196b expression in gastric cancer**, Genes Chromosomes Cancer,_Nov;49(11):969-80.

35. Wen Wang, Lan-Juan Zhao, Ye-Xiong Tan e et al, 2012, **MiR-138 induz a paragem do ciclo celular ao visar a ciclina D3 no carcinoma hepatocelular**, Carcinogenesis, vol.33, no.5, pp.1113-1120.

36. Xiaohong Zhao, Li Yang, Jianguo Hu e et al, 2010, **miR-138 might reverse multidrug resistance of leukemia cells**, Leukemia Research, 34, 1078-1082.

A minha vida

Manoush Tohidi Rad,Mahya Fatahi,Shahin Asadi Geneticista Molecular, Estudou Biologia Molecular na Universidade Islâmica Azad de Tabriz Ciências.BS.Moleculer e Biologia Celular - Genética,MS.c Moleculer Biologia e Genética Diretor de investigação, investigador nuclear do Centro Nacional de Engenharia Genética e Biotecnologia no Irão.

a. Introdução ao problema

Atualmente, o cancro da mama é o cancro mais comum entre as mulheres e é responsável por 25% de todos os cancros nas mulheres. A telomerase é um alvo terapêutico anticancerígeno adequado porque está presente em mais de 90% dos cancros humanos, incluindo mais de 95% dos cancros da mama, enquanto na maioria das células somáticas não é detetável. A proteína hTERT é um componente do complexo telomerase limitador da taxa, pelo que a expressão do gene hTERT no interior das células é essencial para a ativação da telomerase. Os miRNAs são um conjunto de pequenos RNAs não codificantes com um comprimento de 25-19 nucleótidos que desempenham um papel fundamental como reguladores da expressão genética.

b. Resumo do conteúdo do livro

As doenças mieloproliferativas crónicas (MPD) são um grupo heterogéneo de doenças em que uma perturbação clonal das células estaminais hematopoiéticas leva a um aumento do nível de produção de uma ou mais células sanguíneas. A ALL Lukemia adquiriu recentemente mutações em muitos doentes com doenças mieloproliferativas crónicas (MPDs) e é descrita pela alteração da mutação G para T no nucleótido 1849 no exão 12 do gene JAK2 localizado no cromossoma 9 identificado, o que leva à substituição do aminoácido fenilalanina em vez de valina na posição 617 da proteína JAK2.O objetivo deste estudo foi avaliar a frequência destas mutações em doentes com MPDs.

c. Nomear os grupos-alvo para os quais o livro foi escrito O livro

Genética Humana, Medicina Molecular Genética Humana, Hematologia, Hematogénese, Imunogénese, Imuno-HematoGénese, Citogenética Molecular, Imunogenética, Citogenética Médica, Genética Médica, Medicina Molecular, Biologia Molecular e Celular Sociedade A epidemiologia das doenças do cancro da mama no mundo e no Irão.

Biografia

Nasci a 20 de março de 1985 na cidade de Tabriz, Irão. Concluí o ensino básico e secundário na cidade de Tabriz, Irão. Sou licenciado em Biologia Molecular e CelularGenética e mestre em Biologia MolecularGenética, estudante de Genética Molecular no Irão.

Pesquisa de currículos

Confira um projeto de pesquisa para avaliar polimorfismos Haplótipos VNTR, MSPI, PAH GENES família de três pessoas em Tabriz no Irã, Publicado na revista Bulletin of Environment, Pharmacology and Life Sciences. índice isi e Fator de Impacto de 0,98, Publicado em março de 2015.

Confira um projeto de pesquisa para avaliar os polimorfismos genéticos MTHFR C677T em pacientes com doenças cardiovasculares da população da cidade de Tabriz no Irã, Publicado na revista Bulletin of Environment, Pharmacology and Life Sciences, índice isi e Fator de Impacto de 0,98, Publicado em março de 2015.

Avaliação da dosimetria de doentes cardiovasculares e pessoal hospitalar, projeto de investigação concluído com a Siemens e a Shimadzu Tabriz no Irão, publicado na revista Bulletin of Environment, Pharmacology and Life Sciences, índice isi e fator de impacto de 0,98, publicado em agosto de 2015.

Confira um projeto de pesquisa para avaliar a frequência de mutações genéticas em pacientes com policitemia vera JAK2V617F da população da cidade de Tabriz no Irã, Publicado no WORLD JOURNAL OF PHARMACY AND PHARMACEUTICAL SCIENCES, índice isi e Fator de Impacto de 5,210, Publicado em novembro de 2015.

Printed by Books on Demand GmbH, Norderstedt / Germany